GAOYA DIANLAN JIANXIU
BIAOZHUNHUA ZUOYE ZHIDAO SHOUCE

高压电缆检修
标准化作业指导手册

▶ 国网浙江省电力有限公司宁波供电公司 编

中国电力出版社
CHINA ELECTRIC POWER PRESS

图书在版编目（CIP）数据

高压电缆检修标准化作业指导手册 / 国网浙江省电
力有限公司宁波供电公司编. -- 北京 ：中国电力出版社,
2025. 4. -- ISBN 978-7-5198-9065-0

Ⅰ. TM247-62

中国国家版本馆 CIP 数据核字第 20244AU543 号

出版发行：中国电力出版社
地　　址：北京市东城区北京站西街 19 号（邮政编码 100005）
网　　址：http://www.cepp.sgcc.com.cn
责任编辑：雍志娟
责任校对：黄　蓓　王海南
装帧设计：郝晓燕
责任印制：石　雷

印　　刷：三河市航远印刷有限公司
版　　次：2025 年 4 月第一版
印　　次：2025 年 4 月北京第一次印刷
开　　本：710 毫米×1000 毫米　16 开本
印　　张：8.5
字　　数：112 千字
定　　价：70.00 元

高压电缆检修标准化作业指导手册

编 委 会

主　任　周宏辉

副主任　翁东雷　汪从敏　张　永

成　员　孙　珑　夏　雯　余一栋　张　浩　姜云土

　　　　韩卫国　叶　薏　许亮亮　马诚佳　杨　璟

　　　　熊　吉　程国开　何玉涛

主　编　汪从敏

副主编　吴宇锋　许亮亮　王　亮

成　员　马　铁　张海龙　储　源　孙一通　罗先成

　　　　涂　楠　巴　灿　王劭均　过婷婷　柯逸丰

　　　　王韵清　蔡敏怡　李佳宁　孙雪维

前　言

　　为进一步提升高压电缆自主检修能力，强化高压电缆安全稳定运行质量，聚焦"安全质量、效率效益"，围绕检修试验业务能力提升、高素质技能人才队伍建设和核心业务回归，提升高压电缆自主检修能力，确保电缆检修试验核心业务"自己干""干得精"，打造电缆自主检修专业队伍，推动电缆专业高质量发展，为加快"两个转型"，高质量打造中国式现代化电力企业宁波标杆贡献力量。国网宁波供电公司特编制《高压电缆检修标准化作业指导手册》和《高压电缆试验标准化作业指导手册》，着力解决电缆检修、试验作业类型多样、分类型分项目缺乏标准化作业讲解培训资源的问题，以便更好服务电缆检修试验专业化人才成长。

　　《高压电缆检修标准化作业指导手册》围绕电缆检修，涉及作业前勘察流程、现场文明标化要求、故障应急处置、电缆设备各元件的检修等内容，主要分为电力电缆、生产现场安全措施标准化、现场作业标准化、检修项目及其一般缺陷和典型案例五个部分。

　　本指导手册在编写和审核过程中，得到公司各专业中心相关人员的大力支持，在此深表感谢！鉴于编写人员水平和时间有限，难免有疏漏、不妥或错误之处，恳请大家批评指正，以便不断修订完善。若内容与上级发布的最新规程、规定有不符之处，应以上级最新的规程或规定为准。

目　录

第一章

电 力 电 缆

第一节　电力电缆的种类和命名

一、电力电缆的种类和特点

（一）按电缆的绝缘材料分类

电力电缆按绝缘材料不同，可分为油纸绝缘电缆、挤包绝缘电缆和压力电缆三大类。

1. 油纸绝缘电缆

油纸绝缘电缆是绕包绝缘纸带后浸渍绝缘剂（油类）作为绝缘的电缆。

根据浸渍剂不同，油纸绝缘电缆可以分为黏性浸渍纸绝缘电缆和不滴流浸渍纸绝缘电缆两类。二者结构完全一样，制造过程除浸渍工艺有所不同外，其他均相同。不滴流电缆的浸渍剂黏度大，在工作温度下不滴流，能满足高差较大的环境（如矿山、竖井等）使用。

按绝缘结构不同，油纸绝缘电缆主要分为统包绝缘电缆、分相屏蔽和分相铅包电缆。

（1）统包绝缘电缆，又称带绝缘电缆。统包绝缘电缆的结构特点，是在每相导体上分别绕包部分带绝缘后，加适当填料经绞合成缆，再绕包带

1

绝缘，以补充其各相导体对地绝缘厚度，然后挤包金属护套。

统包绝缘电缆结构紧凑，节约原材料，价格较低。缺点是内部电场分布很不均匀，电力线不是径向分布，具有沿着纸面的切向分量。所以这类电缆又叫非径向电场型电缆。由于油纸的切向绝缘强度只有径向绝缘强度的 1/10～1/2，所以统包绝缘电缆容易产生移滑放电。因此这类电缆只能用于 10kV 及以下电压等级。

（2）分相屏蔽电缆和分相铅包电缆。分相屏蔽和分相铅包电缆的结构基本相同，这两种电缆特点是，在每相绝缘芯制好后，包覆屏蔽层或挤包铅套，然后再成缆。分相屏蔽电缆在成缆后挤包一个三相共用的金属护套，使各相间电场互不相关，从而消除了切向分量，其电力线沿着绝缘芯径向分布，所以这类电缆又叫径向电场型电缆。径向电场型电缆的绝缘击穿强度比非径向型要高得多，多用于 35kV 电压等级。

2. 挤包绝缘电缆

挤包绝缘电缆又称固体挤压聚合电缆，它是以热塑性或热固性材料挤包形成绝缘的电缆。

目前，挤包绝缘电缆有聚氯乙烯（PVC）电缆、聚乙烯（PE）电缆、交联聚乙烯（XLPE）电缆和乙丙橡胶（EPR）电缆等，这些电缆使用在不同的电压等级。

交联聚乙烯电缆是 20 世纪 60 年代以后技术发展最快的电缆品种，与油纸绝缘电缆相比，它在加工制造和敷设应用方面有不少优点。其制造周期较短，效率较高，安装工艺较为简便，导体工作温度可达到 90℃。由于制造工艺的不断改进，如用干式交联取代早期的蒸汽交联，采用悬链式和立式生产线，使得 110～220kV 高压交联聚乙烯电缆产品具有优良的电气性能，能满足城市电网建设和改造的需要。目前在 220kV 及以下电压等级，交联聚乙烯电缆已逐步取代了油纸绝缘电缆。

3. 压力电缆

压力电缆是在电缆中充以能流动、并具有一定压力的绝缘油或气体的电缆。在制造和运行过程中油纸绝缘电缆的纸层间不可避免地会产生气隙。气隙在电场强度较高时，会出现游离放电，最终导致绝缘层击穿。压力电缆的绝缘处在一定压力（油压或气压）下，抑制了绝缘层中形成气隙，使电缆绝缘工作场强度明显提高，可用于 63kV 及以上电压等级的电缆线路。

为了抑制气隙，用带压力的油或气体填充绝缘，是压力电缆的结构特点。按填充压缩气体与油的措施不同，压力电缆可分为自容式充油电缆、充气电缆、钢管充油电缆和钢管充气电缆等品种。

（二）按电缆的结构分类

电力电缆按照电缆芯线的数量不同，可以分为单芯电缆和多芯电缆。

（1）单芯电缆。指单独一相导体构成的电缆。一般在大截面导体、高电压等级电缆多采用此种结构。

（2）多芯电缆。指由多相导体构成的电缆，有两芯、三芯、四芯、五芯，等等。该种结构一般在小截面、中低压电缆中使用较多。

（三）按电压等级分类

电缆的额定电压以 U_0/U（U_m）表示。其中：U_0 表示电缆导体对金属屏蔽之间的额定电压；U 表示电缆导体之间的额定电压；U_m 是设计采用的电缆任何两导体之间可承受的最高系统电压的最大值。根据 IEC 标准推荐，电缆按照额定电压 U 分为低压、中压、高压和超高压四类。

（1）低压电缆：额定电压 U 小于 1kV，如 0.6/1kV。

（2）中压电缆：额定电压 U 介于 6～35kV 之间，如 6/6、6/10、8.7/10、21/35、26/35kV。

（3）高压电缆：额定电压 U 介于 45～150kV 之间，如 38/66、50/66、64/110、87/150kV。

（4）超高压电缆：额定电压 U 介于 220～500kV 之间，如 127/220、

190/330、290/500kV。

（四）按特殊需求分类

按对电力电缆的特殊需求，主要有输送大容量电能的电缆、阻燃电缆和光纤复合电缆等品种。

1. 输送大容量电能的电缆

（1）管道充气电缆。管道充气电缆（GIC）是以压缩的六氟化硫气体为绝缘的电缆，也称六氟化硫电缆。这种电缆又相当于以六氟化硫气体为绝缘的封闭母线。这种电缆适用于电压等级在 400kV 及以上的超高压、传送容量 100 万 kVA 以上的大容量电站,高落差和防火要求较高的场所。管道充气电缆由于安装技术要求较高,成本较高,对六氟化硫气体的纯度要求很严，仅用于电厂或变电所内短距离的电气联络线路。

（2）低温有阻电缆。低温有阻电缆是采用高纯度的铜或铝作导体材料，将其处于液氮温度（77K）或者液氢温度（20.4K）状态下工作的电缆。在极低温度下，由导体材料热振动决定的特性温度（德拜温度）之下时，导体材料的电阻随绝对温度的 5 次方急剧变化。利用导体材料的这一性能，将电缆深度冷却，以满足传输大容量电力的需要。

（3）超导电缆。指以超导金属或超导合金为导体材料，将其处于临界温度、临界磁场强度和临界电流密度条件下工作的电缆。利用超低温下出现失阻现象的某些金属及其合金为导体的电缆称为超导电缆，在超导状态下导体的直流电阻为零，以提高电缆的传输容量。

2. 防火电缆

防火电缆是具有防火性能电缆的总称，它包括阻燃电缆和耐火电缆两类。

（1）阻燃电缆。指能够阻滞、延缓火焰沿着其外表蔓延，使火灾不扩大的电缆。在电缆比较密集的隧道、竖井或电缆夹层中，为防止电缆着火酿成严重事故，35kV 及以下电缆应选用阻燃电缆。有条件时，应选用低烟无卤或低烟低卤护套的阻燃电缆。

（2）耐火电缆。是当受到外部火焰以一定高温和时间作用期间，在施加额定电压状态下具有维持通电运行功能的电缆，用于防火要求特别高的场所。

3. 光纤复合电力电缆

将光纤组合在电力电缆的结构层中，使其同时具有电力传输和光纤通信功能的电缆称为光纤复合电力电缆。光纤复合电力电缆集两方面功能于一体，因而降低了工程建设投资和运行维护费用。

二、电力电缆的命名

电力电缆产品命名用型号、规格和标准编号表示，而电缆产品型号一般由绝缘、导体、护层的代号构成，因电缆种类不同型号的构成有所区别；规格由额定电压、芯数、标称截面构成，以字母和数字为代号组合表示。

（一）额定电压 110kV 及以上交联聚乙烯绝缘电力电缆命名方法

（1）产品型号依次由绝缘、导体、金属套、非金属外护套或通用外护层以及阻水结构的代号构成。

（2）各部分代号及含义见表 1-1。

表 1-1　　　　　代　号　含　义

导体代号	铜导体	（T）省略	非金属外护套代号	聚氯乙烯外护套	02
	铝导体	L		聚乙烯外护套	03
绝缘代号	交联聚乙烯绝缘	YJ	阻水结构代号	纵向阻水结构	Z
金属护套代号	铅套	Q			
	皱纹铝套	LW			

举例：（1）额定电压 64/110kV，单芯，铜导体标称截面积 630mm²，交联聚乙烯绝缘皱纹铝套聚氯乙烯护套电力电缆，表示为：YJLW02 64/110 1×630。

（2）额定电压 64/110kV，单芯，铜导体标称截面积 800mm²，交联聚乙烯绝缘铅套聚乙烯护套纵向阻水电力电缆，表示为：YJQ03-Z 64/110 1×800。

第二节　电力电缆的组成

图1-1　电缆本体

电缆包括电缆本体、附件、附属设备、附属设施及电缆通道。

电缆本体：指除去电缆接头和终端等附件以外的电缆线段部分。电缆本体的基本构造为导体、绝缘层、屏蔽层和保护层四大部分（如图1-1所示）。

电缆附件：电缆终端、电缆接头等电缆线路组成部件的统称（如图1-2、图1-3所示）。

图1-2　电缆终端

图1-3　电缆接头

附属设备：避雷器、接地装置、护层保护器、供油装置、在线监测装置等电缆线路附属装置的通称（如图1-4所示）。

附属设施：电缆支架、标识标牌、防火设施、防水设施、电缆终端站等电缆线路附属部件的统称（如图1-5、图1-6所示）。

图 1-4　避雷器

图 1-5　电缆支架

图 1-6　标示标牌

电缆通道：指电缆隧道、电缆排管、电缆沟、直埋电缆管道、电缆桥架、综合管廊等电缆线路的土建设施。

一、电缆的本体结构及技术要求

（一）高压电缆本体结构

高压电缆多为单芯结构。

交联聚乙烯绝缘电缆以其合理的工艺和结构、优良的电气性能和安全可靠的运行特点获得了迅猛的发展，目前高压电缆基本采用交联聚乙烯绝缘电缆工艺。高压交联聚乙烯绝缘电缆导体一般为铝或铜单线规则绞合紧压结构，标称截面为800mm^{2}及以上时为分割导体结构。导体、绝缘屏蔽为挤包的半导电层，标称截面在500mm^{2}及以上的电缆导体屏蔽由半导电包带和挤包半导电层组成。金属屏蔽采用铜丝屏蔽或金属套屏蔽结构。外护层采用聚氯乙烯或聚乙烯护套料，为了方便外护层绝缘电阻的测试，外护层表面应有导电涂层。

典型高压单芯交联聚乙烯绝缘电缆剖面示意图如图1-7所示。

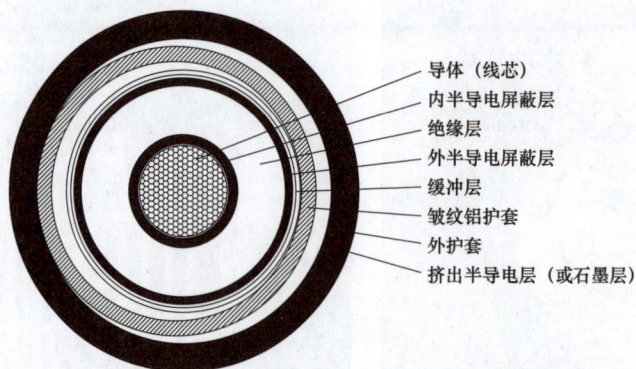

图中标注：
- 导体（线芯）
- 内半导电屏蔽层
- 绝缘层
- 外半导电屏蔽层
- 缓冲层
- 皱纹铝护套
- 外护套
- 挤出半导电层（或石墨层）

图1-7　典型高压单芯交联聚乙烯绝缘电缆剖面示意图

高压电缆中，充油电缆以其电气性能可靠、机械性能良好等优点一直沿用至今。充油电缆是利用补充浸渍剂来消除绝缘中形成的气隙，以提高电缆工作场强度的一种电缆结构。典型高压单芯充油电缆剖面示意图如图1-8所示。

1. 导体

导体是电力电缆用来传输电流的载体，是决定电缆经济性和可靠性的重要组成部分。

导体主要技术要求如下：

（1）导体用铜单线应用 GB/T 3953—2009《电工圆铜线》中规定的 TR 型圆铜线。

（2）导体截面由供方根据采购方提供的使用条件和敷设条件

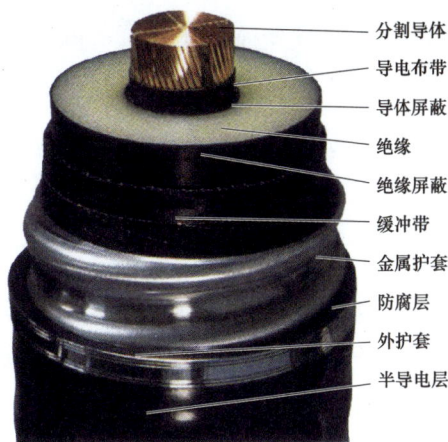

图 1-8 典型高压单芯充油
电缆剖面示意图

计算确定，并提交详细的载流量计算报告，或由采购方自行确定导体截面。

（3）66kV 及以上电压等级的电缆，导体标称截面小于 800mm² 时应采用绞合紧压圆形导体结构；导体标称截面为 800mm² 及以上应采用分割导体结构（以减小"集肤效应"和"邻近效应"引起电缆导体的电阻增加对传输能量的影响）。导体结构和直流电阻应符合表 1-2 的要求。

表 1-2　　　　　　　导体结构和直流电阻要求

导体标称截面（mm²）	导体中单线最少根数（根）		20℃时导体直流电阻最大值（Ω/km）		导体标称截面（mm²）	导体中单线最少根数（根）		20℃时导体直流电阻最大值（Ω/km）	
	铝	铜	铝	铜		铝	铜	铝	铜
25	6	6	1.200	0.727	500	53	53	0.0605	0.0366
35	6	6	0.868	0.524	630	53	53	0.0469	0.0283
50	6	6	0.641	0.387	800	53	53	0.0367	0.0221
70	12	12	0.443	0.268	1000	170	170	0.0291	0.0176
95	15	15	0.320	0.193	1200	170	170	0.0247	0.0151
120	15	18	0.253	0.153	1400	170	170	0.0212	0.0129
150	15	18	0.206	0.124	1600	170	170	0.0186	0.0113
185	30	30	0.164	0.0991	1800	265	265	0.0165	0.0101
240	30	34	0.125	0.0754	2000	265	265	0.0149	0.0090
300	30	34	0.100	0.0601	2200	265	265	0.0135	0.0083
400	53	53	0.0778	0.0470	2500	265	265	0.0127	0.0073

（4）绞合导体不允许整芯或整股焊接。绞合导体中允许单线焊接，但在同一导体单线层内，相邻两个焊点之间的距离应不小于 300mm。

（5）导体表面应光洁、无油污、无损伤屏蔽及绝缘的毛刺、无锐边及凸起、无断裂。

2. 绝缘层

绝缘层是将导体与外界在电气上彼此隔离的主要保护层，它承受工作电压及各种过电压长期作用，因此其耐电强度及长期稳定性能是保证整个电缆完成输电任务的最重要部分。

主绝缘：主绝缘料采用进口超净、超光滑 XLPE 料，与内外屏蔽三层共挤、紧密结合。

在电缆使用寿命期间，绝缘层材料具有稳定的以下特性：较高的绝缘电阻和工频、脉冲击穿强度，优良的耐树枝放电和耐局部放电性能，较低的介质耗角正切值（$\tan\delta$）及一定的柔软性和机械强度。

66kV 及以上电压等级的电缆应采用超净可交联聚乙烯料。

高压电缆绝缘层的标称厚度应符合表 1-3 的要求。

表 1-3　　　　　　　　高压电缆绝缘层标称厚度要求

导体标称截面（mm²）	额定电压 U_0/U（U_m）下的绝缘层标称厚度（mm）				
	66kV	110kV	220kV	330kV	500kV
25～185	—	—			
240		19.0	—		
300		18.5		—	
400		17.5	27		
500	14.0	17.0			
630		16.5	26		
800			25	30	34
1000/1200		16.0		29	33
1400/1600			24		32
1800/2000/2200/2500	—			28	31

　　高压电缆绝缘层平均厚度、任一处的最小厚度和偏心度应符合表 1-4 的规定。

表 1-4　　　　　　　　　高压电缆绝缘层标称厚度要求

电压等级	66～220kV	330～500kV
平均厚度	$\geqslant t_n$	$\geqslant t_n$
任一处的最小厚度	$\geqslant 0.95t_n$	$\geqslant 0.95t_n$
偏心度	$\leqslant 6\%$	$\leqslant 5\%$

　　注　t_n 为表 1-3 规定的绝缘标称厚度。偏心度为在同一断面上测得的最大厚度与最小厚度的差值与最大厚度比值的百分数。

　　对 66kV 及以上电缆应进行绝缘层杂质、微孔和半导电屏蔽层与绝缘层界面微孔、凸起的检查，结果应符合表 1-5 的要求。

表 1-5　　　电缆绝缘层杂质、微孔和半导电屏蔽层与绝缘层
界面微孔、凸起检查要求

电压等级（kV）		检查项目	要求
66 和 110	绝缘层	大于 0.05mm 的微孔	0
		大于 0.025mm，不大于 0.05mm 的微孔	不大于 18 个/10cm³
		大于 0.125mm 的不透明杂质	0
		大于 0.05mm，不大于 0.125mm 的不透明杂质	不大于 6 个/10cm³
		大于 0.25mm 的半透明深棕色杂质	0
	半导电屏蔽层与绝缘层界面	大于 0.05mm 的微孔	0
	导体半导电屏蔽层与绝缘层界面	大于 0.125mm 进入绝缘层和半导电屏蔽层的凸起	0
	绝缘半导电屏蔽层与绝缘层界面	大于 0.125mm 进入绝缘层和半导电屏蔽层的凸起	0
220	绝缘层	大于 0.05mm 的微孔	0
		大于 0.025mm，不大于 0.05mm 的微孔	不大于 18 个/10cm³
		大于 0.125mm 的不透明杂质	0

续表

电压等级 （kV）	检查项目		要求
220	绝缘层	大于 0.05mm，不大于 0.125mm 的不透明杂质	不大于 6 个/10cm³
		大于 0.16mm 的半透明深棕色杂质	0
	半导电屏蔽层与绝缘层界面	大于 0.05mm 的微孔	0
	导体半导电屏蔽层与绝缘层界面	大于 0.08mm 进入绝缘层和半导电屏蔽层的凸起	0
	绝缘半导电屏蔽层与绝缘层界面	大于 0.08mm 进入绝缘层和半导电屏蔽层的凸起	0
330 和 500	绝缘层	大于 0.02mm 的微孔	0
		大于 0.075mm 的不透明杂质	0
	半导电屏蔽层与绝缘层界面	大于 0.02mm 的微孔	0
	导体半导电屏蔽层与绝缘层界面	大于 0.05mm 进入绝缘层和半导电屏蔽层的凸起	0
	绝缘半导电屏蔽层与绝缘层界面	大于 0.05mm 进入绝缘层和半导电屏蔽层的凸起	0

绝缘热延伸试验应按有关标准规定进行。应根据电缆绝缘所采用的交联工艺，在认为交联度最低的部分制取试片。66kV 及以上电压等级电缆应在绝缘的内、中、外层分别取样。绝缘热延伸负载下最大伸长率应小于125%，冷却后最大永久伸长率应小于 10%。

3. 屏蔽层

内外屏蔽：内外屏蔽料均采用进口超光滑的半导电橡胶材料，经净化烘干后与绝缘料三层一次挤出，使电缆内外导表面光洁，电场分布均匀。

屏蔽层是多用于 10kV 及以上的电力电缆，一般有导体屏蔽层和绝缘屏蔽层。电缆绝缘线芯应设计有分相金属屏蔽。单芯或三芯电缆绝缘线芯的屏蔽应由导体屏蔽和绝缘屏蔽组成。

（1）导体屏蔽。

66kV 及以上电压等级电缆应采用绕包半导电带加挤包半导电层复合

导体屏蔽，且应采用超光滑可交联半导电料。

挤包半导电层应均匀地包覆在导体或半导电带外，并牢固地黏附在绝缘层上。与绝缘层的交界面上应光滑，无明显绞线凸纹、尖角、颗粒、烧焦或擦伤痕迹。

（2）绝缘屏蔽。

绝缘屏蔽应为挤包半导电层，并与绝缘紧密结合。绝缘屏蔽表面及与绝缘层的交界面应均匀、光滑，无明显绞线凸纹、尖角、颗粒、烧焦或擦伤痕迹。

电缆的导体屏蔽、绝缘和绝缘屏蔽应采用三层共挤工艺制造，220kV及以上电压等级电缆绝缘线芯宜采用立塔生产线制造。

4. 保护层

66kV 及以上电压等级电缆的保护层包括缓冲层、纵向阻水结构、径向不透水阻隔层金属塑料复合护层和外护套等。

（1）缓冲层：采用半导电丁基胶带和铜丝布的有机结合，既能满足电缆绝缘的热膨胀要求，又能使绝缘屏蔽与铝护套有效接触，确保电缆长期稳定运行。

（2）金属屏蔽：采用 2.2mm 厚度皱纹铝包以满足短路容量及屏蔽之需，连续式皱纹铝包使电缆的径向阻水性能满足高水位环境之需。

目前电缆生产厂家主要采用连续挤包和氩弧焊两种。

（3）沥青涂层：沥青涂层可防止皱纹铝套受到腐蚀，电缆使用寿命更长。

（4）外护层：采用 PVC 或 PE 料进行挤塑，以满足电缆电性能及机械性能之需，也可采用阻燃型（ZR）、防白蚁型材料以满足不同场合之需。

（5）外护套：66kV 及以上电压等级电缆的一般设计有外护套。外护套应采用绝缘型聚氯乙烯或聚乙烯材料，其厚度应符合表 1-6 的要求。

（6）石墨涂层：作为外护层耐压电极，连续光滑。

表 1-6 　　　　　　　　外护套厚度要求

电压等级（kV）	66	110	220	330	500
标称厚度（mm）	4.0	4.5	5.0	5.5	6.0
最小厚度（mm）	3.4	3.6	4.3	4.7	5.1

二、高压电缆附件结构和技术要求

电缆终端和电缆接头统称为电缆附件，它们是电缆线路不可缺少的组成部分。电缆终端是安装在电缆线路的两端，具有一定的绝缘和密封性能，使电缆与其他电气设备连接的装置。电缆接头是安装在电缆与电缆之间，使两根及以上电缆导体联连通，使之形成连续电路并具有一定绝缘和密封性能的装置。

（一）高压电缆附件结构

1. 高压电缆终端

高压电缆终端一般由下列各部分组成：① 内绝缘（有增绕式和电容式两种）；② 外绝缘（一般用瓷套或复合套结构）；③ 密封结构；④ 出线杆（它与电缆导体的连接有卡装和压接两种）；⑤ 屏蔽罩。

终端的结构型式按其用途可分为户外终端、GIS 终端和油浸终端。

户外终端结构按外绝缘型式可分为瓷套和复合套。

常用的 110kV 及以上电缆终端主要有干式终端、充油式终端和 GIS 终端几类。

干式终端是由复合套管或瓷套管作为外绝缘，内部有应力锥并填充有不流动弹性体的终端。

GIS 终端是指安装在气体绝缘封闭开关设备（GIS）内部以六氟化硫（SF_6）气体为外绝缘的气体绝缘部分的电缆终端。根据环氧套管内是否填充绝缘剂分为干式 GIS 终端和湿式 GIS 终端两类。

交联聚乙烯绝缘电力电缆整体预制式户外终端结构示意图如图 1-9 所示。

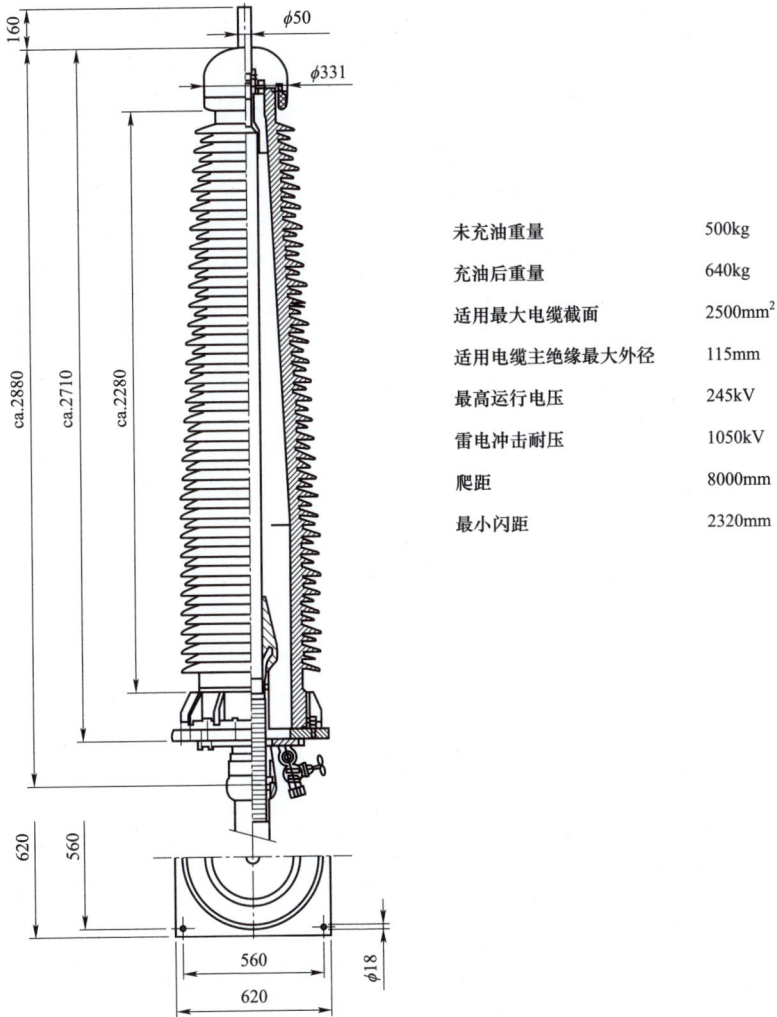

未充油重量	500kg
充油后重量	640kg
适用最大电缆截面	2500mm²
适用电缆主绝缘最大外径	115mm
最高运行电压	245kV
雷电冲击耐压	1050kV
爬距	8000mm
最小闪距	2320mm

图 1-9 交联聚乙烯绝缘电力电缆整体预制式户外终端示意图

交联聚乙烯绝缘电力电缆户外终端如图 1-10 所示。

图 1-10　交联聚乙烯绝缘电力电缆整体预制式户外终端实物图

2. 高压电缆接头

110kV 及以上电缆接头按用途不同主要有直通接头和绝缘接头两种。绝缘接头其增绕绝缘外缠绕的外屏蔽和金属屏蔽层只分别与两侧电缆本体的对应部分接通，而相互之间必须隔开，而且接头的铜外壳间亦须用绝缘材料隔开，因此能用于需要隔断外护层的单芯电缆的连接上。而直通接头则连通，没有隔断电缆的外护层。

电缆中间接头结构示意图如图 1-11、图 1-12 所示（以组合预制式中间接头为例）。

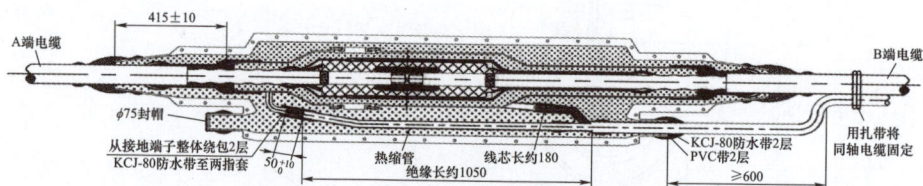

图 1-11　电缆中间接头结构示意图

（二）高压电缆附件技术要求

电缆终端与接头主要性能应符合国家现行相关产品标准的规定。结构应简单、紧凑，便于安装。所用材料、部件应符合相应技术标准要求。

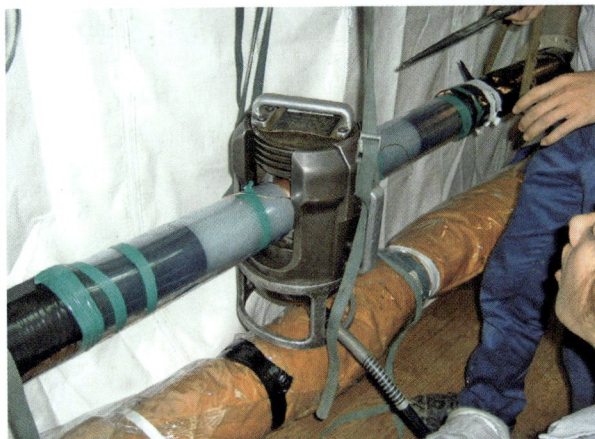

图 1-12 电缆中间接头

电缆终端与接头型式、规格应与电缆类型如电压、芯数、截面、护层结构和环境要求一致。

电缆终端外绝缘爬距应满足所在地区污秽等级要求。在高速公路、铁路等局部污秽严重的区域，应对电缆终端套管涂上防污涂料，或者适当增加套管的绝缘等级。

电缆终端套管、瓷绝缘子无破裂，搭头线连接正常，电缆终端应接地良好、各密封部位无漏油。

户外终端的正常使用条件为海拔不超过 1000m。对于海拔超过 1000m，但不超过 4000m 安装使用的户外终端，在海拔不超过 1000m 的地点试验时，其试验电压应按 GB 311.1—2012《绝缘配合 第 1 部分：定义、原则和规则》第 3.4 条进行校正。

电缆终端与电气装置的连接，应符合 GB 50149—2010《电气装置安装工程 母线装置施工及验收规范》的有关规定。

电缆终端上应有明显的相色标志，且应与系统的相位一致。

电缆终端法兰盘（分支手套）下应有不小于 1m 的垂直段，且刚性固定应不少于两处。电缆终端处应预留适量电缆，长度不小于制作一个电缆终端的裕度。

并列敷设的电缆，其接头的位置宜相互错开。电缆明敷时的接头、应用托板托置固定；电缆接头两端应刚性固定，每侧固定点不少于两处。

直埋电缆接头盒外面应有防止机械损伤的保护盒（环氧树脂接头盒除外）。电缆接头处宜预留适量裕度，长度不小于制作一个接头的裕度。

电缆附件应有铭牌，标明型号、规格、制造厂家、出厂日期等信息。现场安装完成后应规范挂设安装牌，包括安装单位、安装人员、安装日期等信息。

1. 接地（互联）箱

接地箱用于单芯电缆线路中，指为降低电缆护层感应电压，将电缆的金属屏蔽（金属套）直接接地或通过过电压限制器后接地的装置。接地箱主要由箱体、绝缘支撑板组成。接地箱有电缆护层直接接地箱、电缆护层保护接地箱两种，其中电缆护层保护接地箱中装有护层过电压限制器。

交叉互联箱用于长电缆线路中，指为降低电缆护层感应电压，依次将一相绝缘接头一侧的金属套与另一相绝缘接头另一侧的金属套相互连接后再集中分段接地的一种密封装置。交叉互联箱包括护层过电压限制器、接地排、换位排、公共接地端子等。对接地（互联）箱的技术要求如下：

1）接地箱、交叉互联箱内连接应与设计相符，铜牌连接螺栓应拧紧，连接螺栓无锈蚀现象。箱体完整，门锁完好，开关方便。

2）接地箱、交叉互联箱内电气连接部分应与箱体绝缘。箱体本体不得选用铁磁材料，并应密封良好，固定牢固可靠，满足长期浸水要求，防护等级不低于 IP68。

3）电缆护层过电压限制器配置选择应符合 GB 50217—2018《电力工程电缆设计标准》的要求。限制器和电缆金属护层连接线宜在 5m 内，连接线应与电缆护层的绝缘水平一致。

4）如接地箱、交叉互联箱置于地面上，接地箱、交叉互联箱安装应与基础匹配，膨胀螺栓安装稳固，箱内接地缆出线管口空隙应进行防火泥封堵。

5）接地箱、交叉互联箱箱体正面应有不锈钢设备铭牌，铭牌上应有换位或接地示意图、额定短路电流、生产厂家、出厂日期、防护等级等信息。

6）接地箱和交叉互联箱应有运行编号。

7）金属护层接地电流绝对值应小于 100A，或金属护层接地电流/负荷比值小于 20%，或金属护层接地电流相间最大值/最小值比值小于 3。

接地箱内部结构如图 1−13～图 1−15 所示。

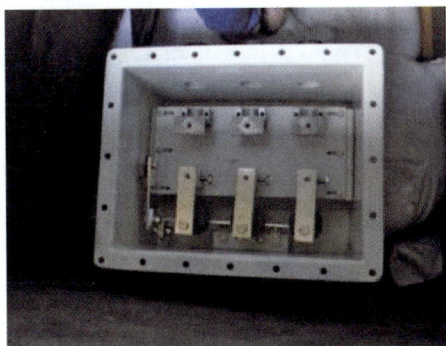

图 1−13　直接接地箱

图 1−14　保护接地箱

图 1−15　交叉互联箱

2. 同轴（接地）电缆（含回流线）

同轴电缆是指有两个同心导体，而导体又共用同一轴心的电缆，它是一种电线及信号传输线。电力电缆中同轴电缆主要用于电缆交叉互联箱、接地箱和电缆金属护层的连接。由于同轴电缆的波阻抗远远小于普通绝缘接地线的波阻抗，与电缆调度波阻抗相近，为减少冲击过电压在交叉换位连接线上的压降，避免冲击波的反射过电压，应采用同轴电缆代替普通绝缘接地线。

回流线指在单芯电缆金属屏蔽（金属套）单端接地时，为抑制单相接地故障电流形成的磁场对外界的影响和降低金属屏蔽（金属套）上的感应电压，沿电缆线路敷设的一根阻抗较低的接地线。

最常见的同轴电缆最内里是一条由内层绝缘材料隔离的内导电铜线，在内层绝缘材料的外面是另一层环形网状导电体，然后整个电缆最外层由聚氯乙烯或特氟纶材料包住，作为外绝缘护套。同轴电缆剖面图如图 1-16 所示。

图 1-16　同轴电缆剖面图

对同轴电缆的技术要求如下：

1）同轴电缆的绝缘水平不得低于电缆外护套的绝缘水平，截面应满足系统单相接地电流通过时的热稳定要求。

2）电缆线芯连接金具，应采用符合标准的连接管和接线端子，其内径应与电缆线芯紧密配合，间隙不应过大。

3）截面宜为线芯截面的 1.2～1.5 倍。

4）采用压接时，压接钳和模具规格应符合要求。

同轴电缆剖面示意图如图 1-17 所示。

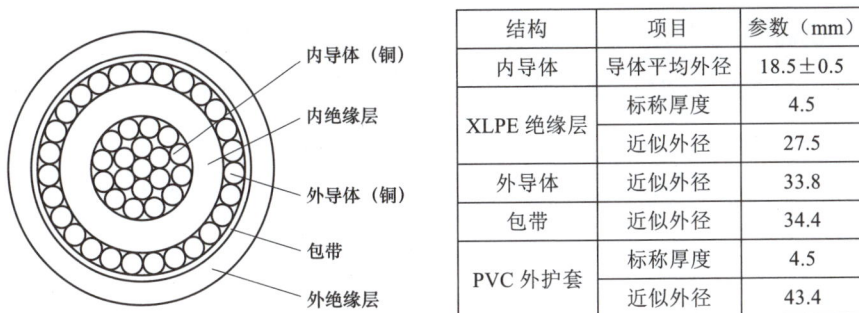

结构	项目	参数（mm）
内导体	导体平均外径	18.5±0.5
XLPE 绝缘层	标称厚度	4.5
	近似外径	27.5
外导体	近似外径	33.8
包带	近似外径	34.4
PVC 外护套	标称厚度	4.5
	近似外径	43.4

图 1—17 同轴电缆剖面示意图

3. 线路避雷器

线路避雷器用于保护电力电缆免受高瞬态过电压危害并限制续流时间也常限制续流幅值的一种电器。电缆终端平台避雷器如图 1—18 所示。

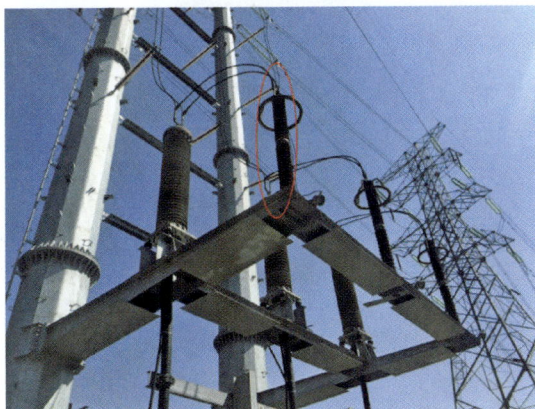

图 1—18 电缆终端平台避雷器

对线路避雷器的技术要求如下：

1）避雷器外绝缘爬距应满足所在地区污秽等级要求。

2）避雷器外观连接法兰、连接螺栓不应存在严重锈蚀或油漆脱落现象。

3）避雷器底座绝缘电阻应满足 Q/GDW 454—2010《金属氧化物避雷器状态评价导则》附录 A 的要求：测量值不小于 100MΩ 的要求进行判别。

4）避雷器连接端子及引流线热点温度不应超过 80℃，相对温差不应超过 20%。

5）避雷器安装位置便于在线监测，配套在线监测仪应安装到位，监测仪视读方便。

6）计数器上引线应绝缘良好，前后两次测量值不应明显下降。

4. 护层保护器

护层保护器指串接在电缆金属屏蔽（金属套）与大地之间，用来限制在系统暂态过程中金属屏蔽层电压的装置，如图 1-19 所示。

对过电压护层保护器绝缘电阻的要求是 1000V 绝缘电阻表测量值大于 10MΩ。

图 1-19　护层保护器

第二章

生产现场安全措施标准化

第一节 现场安全措施标准化的含义

为规范生产现场安全措施标准化，保障作业人员、电网和设备安全，减少现场因安措布置而发生的违章现象，依据国家有关法律、法规和《国家电网公司电力安全工作规程线路部分》，制定本现场标准化安措。

第二节 安全措施标准化措施所需工器具

一、工器具

（1）布控球：应摆放在作业主要区域附近，可拍摄作业主要区域场景处，远程监护工作班成员的工作安全性。

布控球如图 2−1 所示。

（2）安全警示白板：应摆放在进出口附近，将整个作业流程展示在作业白板上，警示工作负责人和工作班成员。

安全警示白板如图 2−2 所示。

图 2-1 布控球

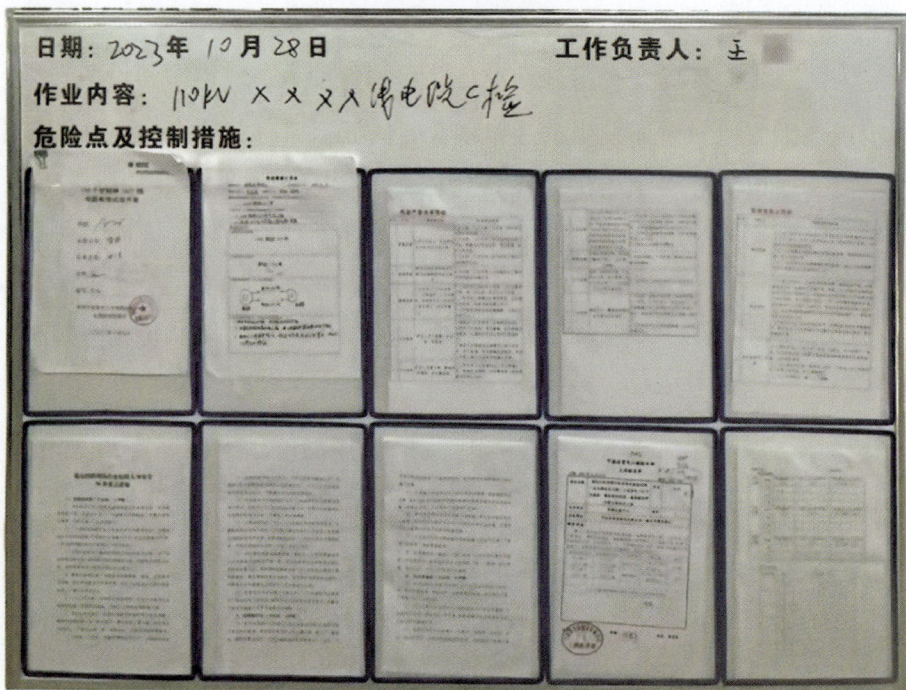

图 2-2 安全警示白板

（3）"在此工作"标识牌：应摆放在主要作业区域内，宜摆放在主要作业区域中间处。

"在此工作"标识牌如图 2-3 所示。

图 2-3　"在此工作"标识牌

　　（4）"止步　高压危险"标识牌：悬挂在警示带或围栏上，"止步　高压危险"字样向外朝向。

　　"止步　高压危险"标识牌如图 2-4 所示。

图 2-4　"止步　高压危险"标识牌

　　（5）"由此进入"标识牌：悬挂在出入口警示带或围栏上。

　　"由此进入"如图 2-5 所示。

25

图 2-5 "由此进入"标识牌

（6）围栏/安全警示带：应布置在作业区域外围，将作业区域围住。
围栏/安全警示带如图 2-6 所示。

图 2-6 围栏/安全警示带

（7）绝缘垫：应摆放在作业区域合适位置，使人体与地面绝缘。
绝缘垫如图 2-7 所示。

（8）地垫：应摆放在作业区域合适位置，用于摆放普通工器具。
地垫如图 2-8 所示。

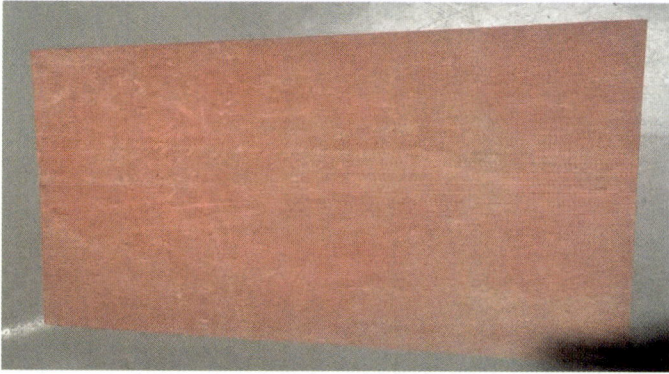

图 2-7　绝缘垫

图 2-8　地垫

二、技术措施

在电缆线路上工作，保证安全的技术措施：① 停电；② 验电；③ 接地；④ 使用个人保安线；⑤ 悬挂标识牌和装设遮栏（围栏）。

三、组织措施

在电缆线路上工作，保证安全的组织措施：① 现场勘察制度；② 工作票制度；③ 工作许可制度；④ 工作监护制度；⑤ 工作间断制度；⑥ 工作终结和恢复送电制度。

第三节 现场停电实物场景

一、户外电缆终端塔的标准安措

（1）情景一（见图 2-9）：塔靠近门的一侧线路停电，靠近门的对侧带电（塔里空间大，可以放置安全工器具）。

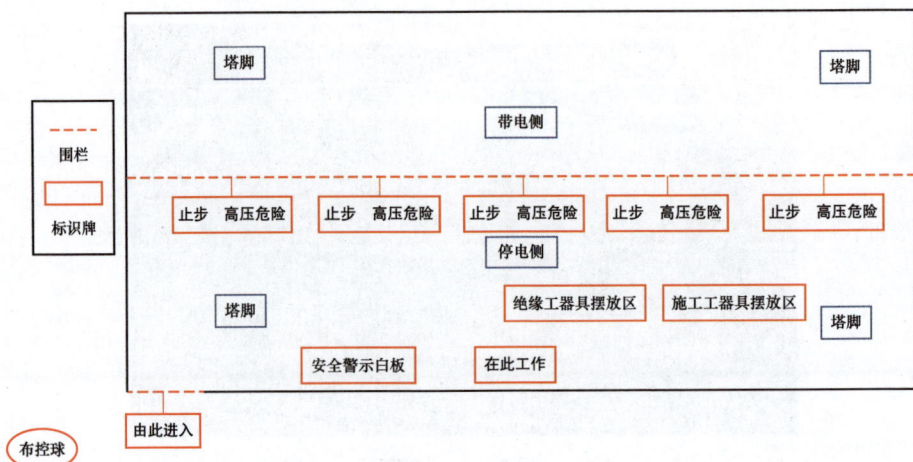

图 2-9 情景一

用安全警示带隔绝带电侧和停电侧，向外悬挂"止步　高压危险"标识牌，在工作地点放置"在此工作"标识牌，在出入口挂"由此进出"标识牌，并在塔内寻找合适地点放置安全警示白板、绝缘工器具和施工工器具（绝缘工器具和施工工器具均需要放在垫子上面）。

（2）情景二（见图 2-10）：塔靠近门的一侧线路停电，靠近门的对侧带电（塔里空间小，空间不足以放置安全工器具）。

用安全警示带隔绝带电侧和停电侧，向外悬挂"止步　高压危险"标识牌，在工作地点放置"在此工作"标识牌，在出入口挂"由此进出"标识牌，并在塔内寻找合适地点放置安全警示白板、绝缘工器具和施工工器具（绝缘工器具和施工工器具均需要放在垫子上面）。

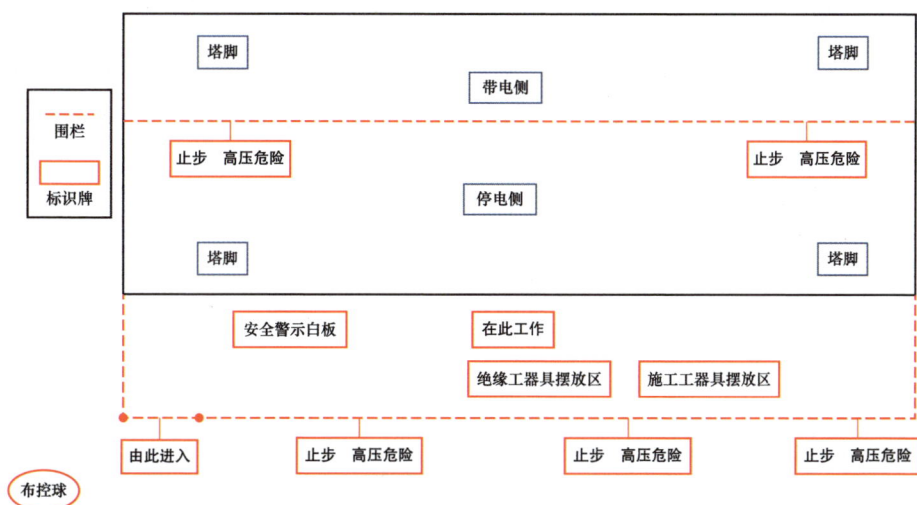

图 2-10 情景二

（3）情景三（见图 2-11）：塔远离门的一侧线路停电，靠近门的对侧带电。

用安全警示带隔绝带电侧和停电侧，向外悬挂"止步 高压危险"标识牌，在工作地点放置"在此工作"标识牌，在出入口挂"由此进出"标

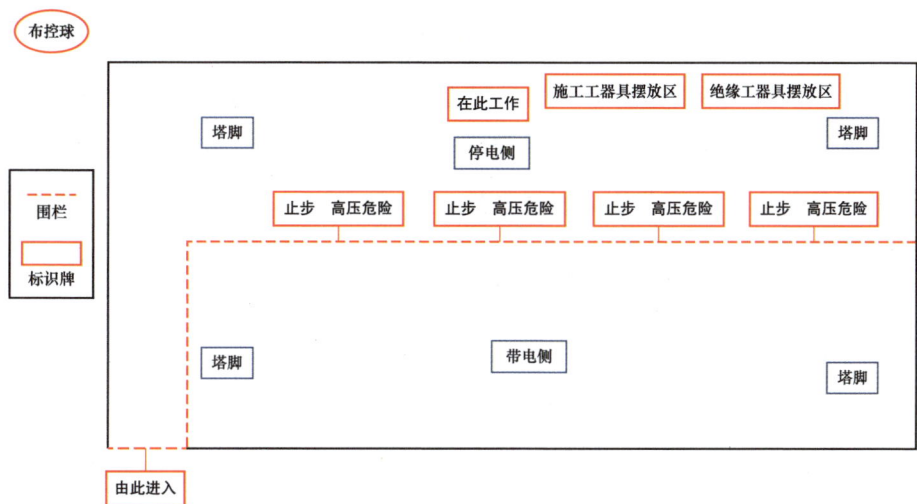

图 2-11 情景三

识牌，并在塔内寻找合适地点放置安全警示白板、绝缘工器具和施工工器具（绝缘工器具和施工工器具均需要放在垫子上面）。

（4）情景四（见图 2-12）：塔的两侧全部停电（同停）如塔内空间足够也可以将绝缘工具和施工工具摆放至塔内（参考上述情景一）。

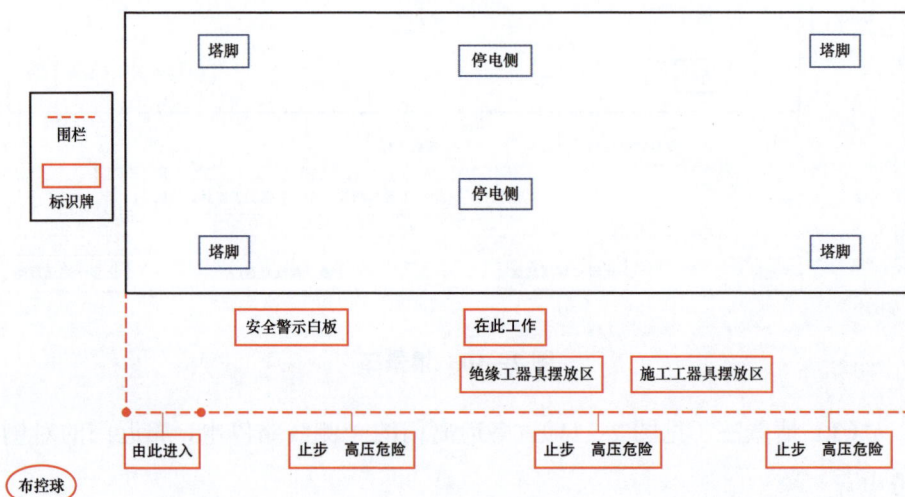

图 2-12　情景四

（5）情景五：塔的两侧全部停电（同停）如塔内空间足够也可以将绝缘工具和施工工具摆放至塔外。

在终端塔门口设置围栏，围栏设置出入口，放置"从此进出"标识牌。并在塔外寻找合适地点放置安全警示白板、绝缘工器具和施工工器具（绝缘工器具和施工工器具均需要放在垫子上面）。

二、变电站现场标准化安措

经典情景（见图 2-13）：在变电站内工作时所需要布置的安措。

在工作地点周围设置围栏，围栏设置出入口，放置"从此进出"标识牌，在工作地点放置"在此工作"标识牌，向内悬挂"止步　高压危险"标识牌，并在围栏处寻找合适的地点放置安全警示白板、绝缘工器具和施工工器具（绝缘工器具和施工工器具均需要放在垫子上面）。

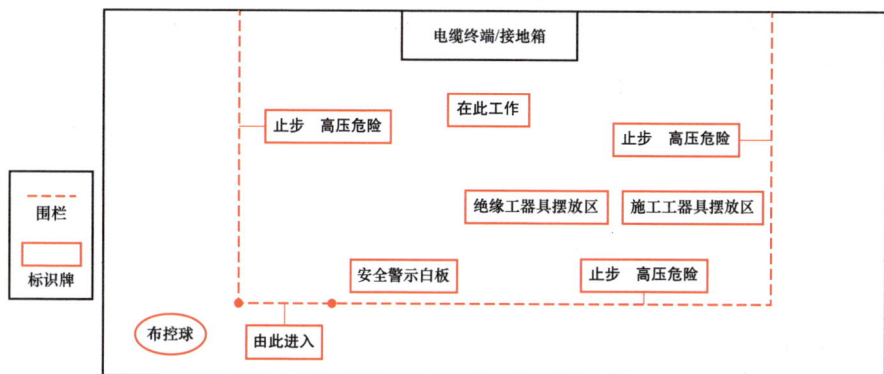

图 2-13　经典情景

三、户内电缆独立平台的标准化安措（T 接房）

（1）情景一（见图 2-14）：左侧靠门一侧停电，右侧远离门一侧带电。

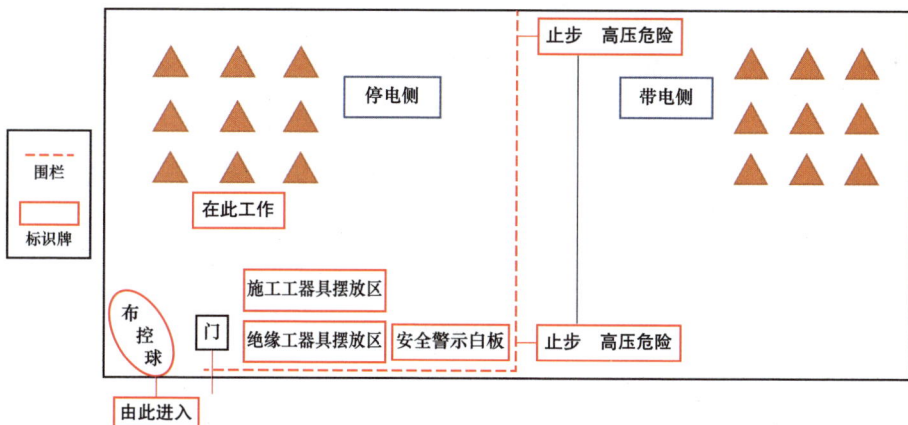

图 2-14　情景一

用安全警示带隔绝带电侧和停电侧，向外悬挂"止步　高压危险"标识牌，在工作地点放置"在此工作"标识牌，在出入口挂"由此进出"标识牌，并在 T 接房（停电侧）内寻找合适地点放置安全警示白板、绝缘工器具和施工工器具（绝缘工器具和施工工器具均需要放在垫子上面）。

（2）情景二（见图 2-15）：左侧靠门一侧不带电，右侧远离门一侧带电。

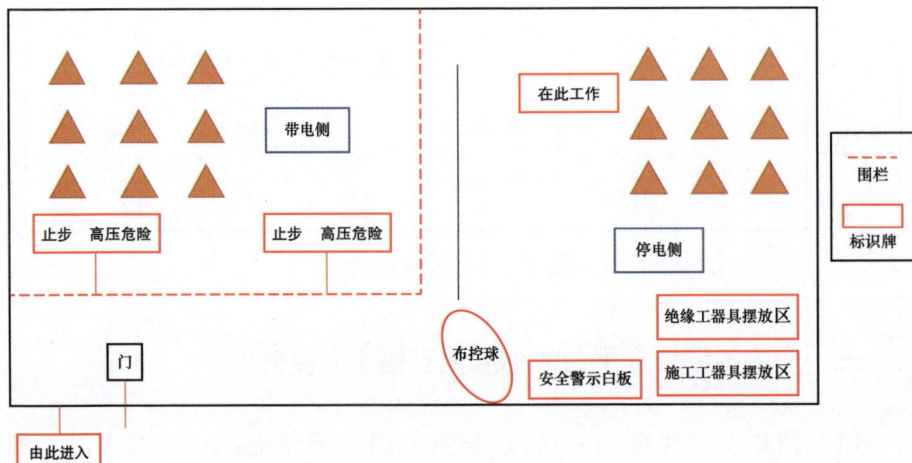

图 2-15　情景二

用安全警示带隔绝带电侧和停电侧，向外悬挂"止步　高压危险"标识牌，在工作地点放置"在此工作"标识牌，在出入口挂"由此进出"标识牌，并在 T 接房（停电侧）内寻找合适地点放置安全警示白板、绝缘工器具和施工工器具（绝缘工器具和施工工器具均需要放在垫子上面）。

四、户外电缆独立平台标准化安措（对拼平台）

（1）情景一（见图 2-16）：塔靠近门的一侧线路停电，靠近门的对侧带电（塔里空间大，可以放置安全工器具）。

用安全警示带隔绝带电侧和停电侧，向外悬挂"止步　高压危险"标识牌，在工作地点放置"在此工作"标识牌，在出入口挂"由此进出"标识牌，并在塔内寻找合适地点放置安全警示白板、绝缘工器具和施工工器具（绝缘工器具和施工工器具均需要放在垫子上面）。

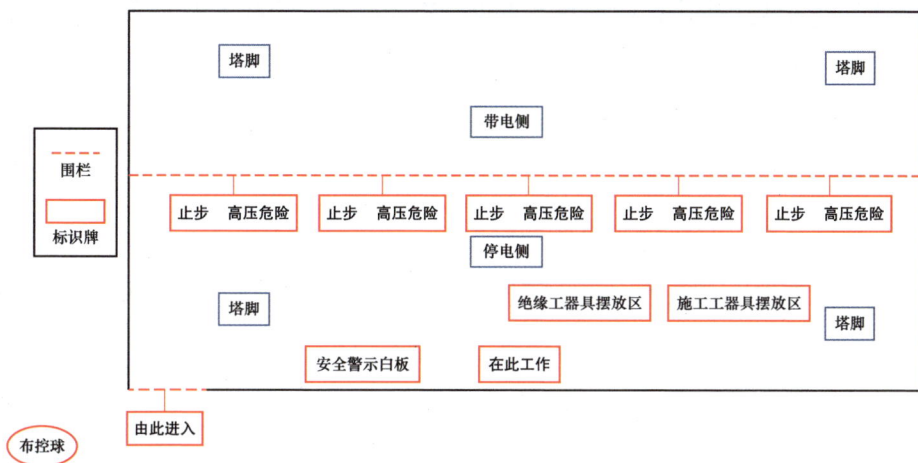

图 2-16　情景一

（2）情景二（见图 2-17）：塔靠近门的一侧线路停电，靠近门的对侧带电（塔里空间小，空间不足以放置安全工器具）。

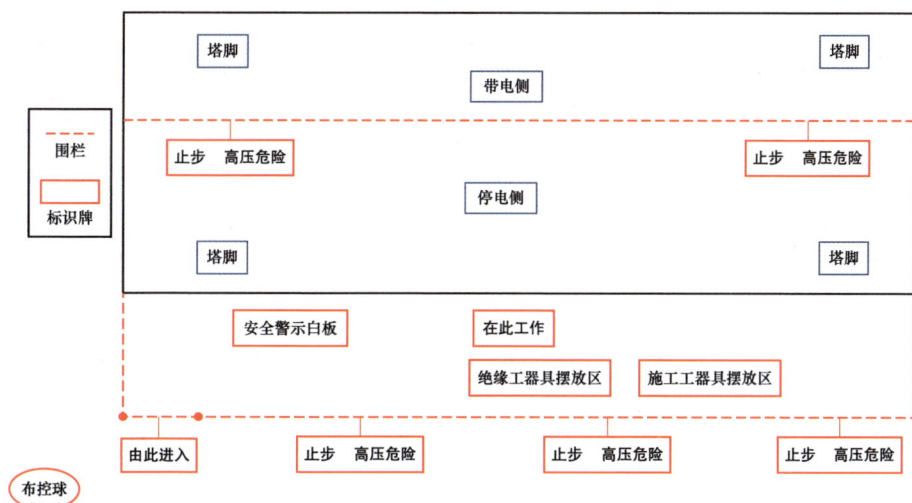

图 2-17　情景二

用安全警示带隔绝带电侧和停电侧，向外悬挂"止步　高压危险"标识牌，在工作地点放置"在此工作"标识牌，在出入口挂"由此进出"标识牌，并在塔找寻找合适地点放置安全警示白板、绝缘工器具和施工工器具（绝缘工器具和施工工器具均需要放在垫子上面）。

（3）情景三（见图 2–18）：塔远离门的一侧线路停电，靠近门的对侧带电。

用安全警示带隔绝带电侧和停电侧，向外悬挂"止步　高压危险"标识牌，在工作地点放置"在此工作"标识牌，在出入口挂"由此进出"标识牌，并在塔内寻找合适地点放置安全警示白板、绝缘工器具和施工工器具（绝缘工器具和施工工器具均需要放在垫子上面）。

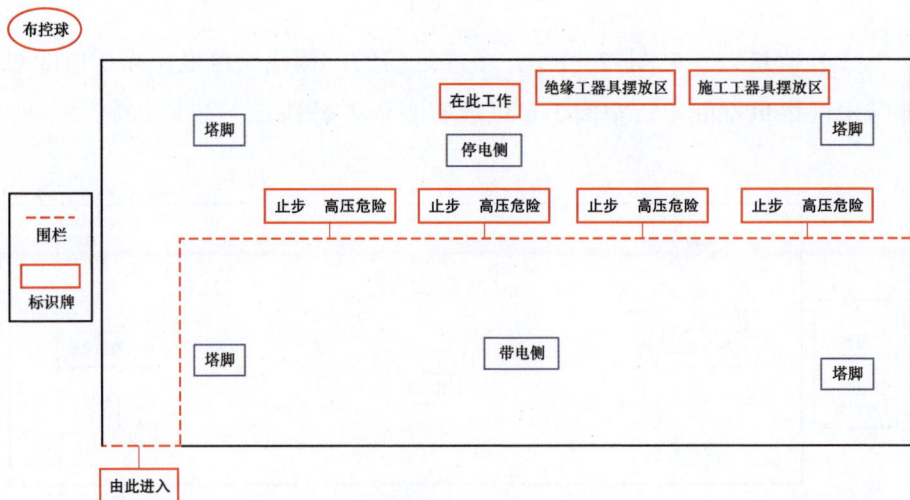

图 2–18　情景三

（4）情景四（见图 2–19）：塔的两侧全部停电（同停）如塔内空间足够也可以将绝缘工具和施工工具摆放至塔内（参考上述情景一）。

在终端塔门口设置围栏，围栏设置出入口，放置"从此进出"标识牌。并在塔外寻找合适地点放置安全警示白板、绝缘工器具和施工工器具（绝缘工器具和施工工器具均需要放在垫子上面）。

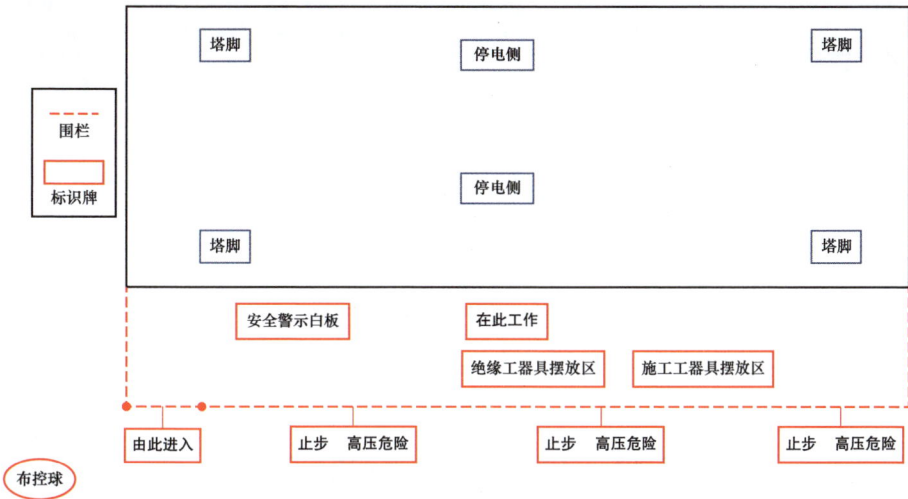

图 2-19 情景四

五、站外接头井标准化安措

经典情景（见图 2-20）：在工作地点周围设置围栏，围栏设置出入口，放置"从此进出"标识牌，在工作地点放置"在此工作"标识牌，向外悬挂"止步 高压危险"标识牌，并在围栏处寻找合适的地点放置安全警示白板、绝缘工器具和施工工器具（绝缘工器具和施工工器具均需要放在垫子上面）。

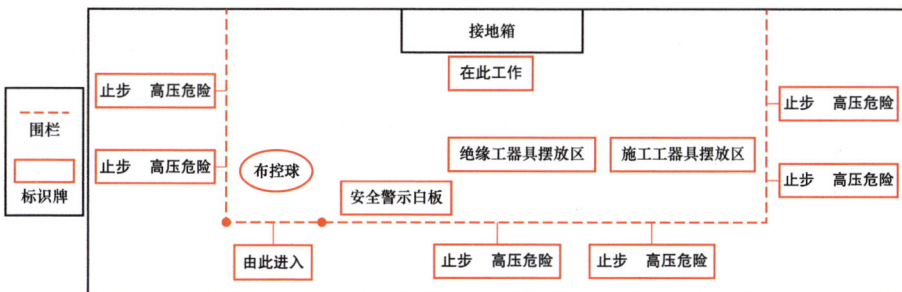

图 2-20 经典情景

第三章

现场作业标准化

第一节 计划刚性执行到位

科学编制工作计划，以"二十四节气表""年度检修计划"为贯穿全年工作的主导，严格执行工作计划的刚性管理，切实做到工作有计划，无计划不开工，见图3-1。

××供电公司电缆运检中心检修工作任务单

2022年8月22日 第1页

项目名称	电缆运检中心2022年10月生产工作任务单		
主送	检修试验班	抄送	中心领导、技术室

一、线路停役计划及工作安排：

根据《2022年10月停电计划》汇报稿，电缆运检中心在2022年10月主要涉及的停电检修220kV线路4回110kV线路7回，计划时间及工作内容如下，见图3-1。

序号	设备名称	主要工作内容	停役日期	复役日期	停电天数	电缆长度（km）	投运时间	上次检修日期	杆塔数	区段数
1	TP4477线	电缆首检	10.19	10.30	12	1.47	2021.12	—	1	1
2	TQ4478线	电缆首检	10.19	10.30	12	1.47	2021.12	—	1	1
3	JC4U44线	电缆C检	10.08	10.21	14	0.88	2014.12	—	1	1
4	JY4U43线	电缆C检	10.08	10.21	14	0.88	2014.12	—	1	1

图3-1 电缆运检中心检修工作任务单

月度的停电检修计划，提前一个月由技术室组织讨论并下发，结合实际生产情况编制工作任务，做到应修必修，修必修好的原则；工作计划要结合风险管控平台，精准设置风险等级，落实好到岗到位工作职责，做好工作管理流程；计划管理要按工作实际相关要求开展，既要符合安全生产要求，又要符合管理要求，各计划编制应控制好时间节点；做到计划的刚性执行，若计划有变更，一定要经过三级审批同意，并落实相对应风险管控措施。

第二节　施工前期勘查到位

工作负责人会同试验、检修工作负责人员、运行管理人员提前（按要求）进行现场勘查，对停役范围内的设备涉及的检修、试验项目进行确认，并明确检修范围内同塔、同通道、相邻间隔的带电线路与带电设备，制定相关反措、缺陷、精益化检查与整改的工作内容。同时结合踏勘开展状态检测、无人机精飞等针对性专业化巡视，补充相关设备工作内容。同时对特种车辆、大型工器具、备品备件定置定位，对主要设备和工作场地进行拍照留档，结合图片和文字形成踏勘记录，各踏勘人员均需签字确认，形成痕迹化管理。根据踏勘结果，应菜单式选择本次检修和试验内容，见图 3-2 和图 3-3。

序号	检查项目	是否具备消缺/试验条件	不具备实施条件的原因
1	终端塔锈蚀情况		
2	电缆支架破损/锈蚀		
3	相位抱箍是否缺失/错误		
4	树木过高影响终端		
5	警告牌破损/错误/缺失		
6	电缆信息大牌更换/缺失		
7	警示桩倾倒/缺失		
8	终端塔下方草木茂盛		
9	工作井被埋		
10	防火涂料或包带脱落		

图 3-2　踏勘记录（一）

序号	检查项目	是否具备消缺/试验条件	不具备实施条件的原因
11	桥架基础开裂		
12	工井杂物堆积		
13	盖板开裂、破损影响行人安全		
14	标识牌错误		
15	围栏倾倒、破损		
16	工作井警示漆脱落		
17	工作井破损开裂		
18	工作井地贴缺失或错误		
19	T接房刷漆、换门		
20	接地箱下改上		
21	接地箱保护器失效		
22	终端发热		
23	回流缆被盗		
24	接地缆被盗		
25	在线监测装置掉线		
26	在线监测装置老化		
27	避雷器计数器老化		
28	避雷器老化或存在严重缺陷		
29	终端色标漆脱落		
30	避雷器/终端伞裙存在污秽		
31	避雷器/终端支撑瓷瓶开裂		
32	避雷器/终端底座螺丝松弛		
33	外护套破损		
34	接地箱密封失效		
35	箱体锈蚀严重		
36	接地环流检测		
37	交流耐压试验		
38	护层电压测量		
39	避雷器预试		

图 3-2 踏勘记录（二）

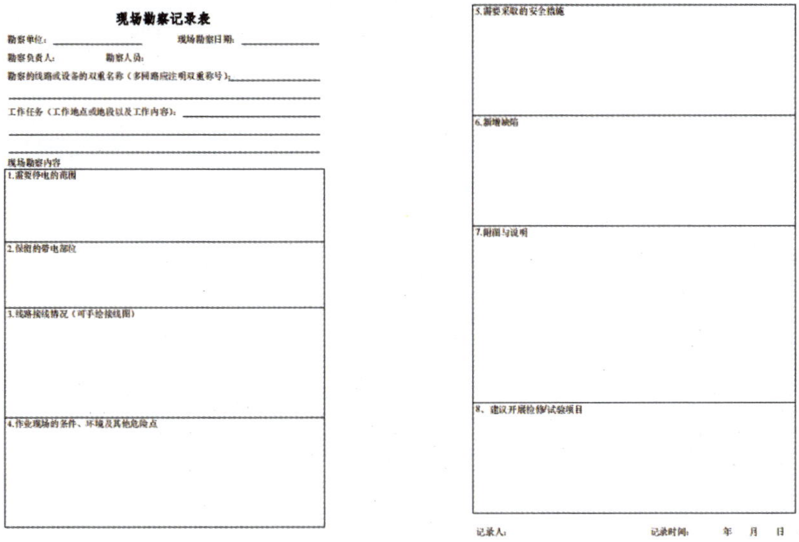

现场勘察记录表

勘察单位：＿＿＿＿＿＿　现场勘察日期：＿＿＿＿＿＿

勘察负责人：　勘察人员：

勘察的线路或设备的双重名称（多回路应注明双重称号）：＿＿＿＿＿＿

工作任务（工作地点或地段以及工作内容）：＿＿＿＿＿＿

现场勘察内容

1.需要停电的范围

2.保留的带电部位

3.线路接线情况（可手绘接线图）

4.作业现场的条件、环境及其他危险点

5.需要采取的安全措施

6.新增缺陷

7.附图与说明

8、建议开展检修/试验项目

记录人：　记录时间：　年　月　日

图 3-3　现场勘察记录表

第三节　施工方案编制执行到位

一、需编制检修方案的工作

危险性、复杂性和困难程度较大的作业项目，主要针对 35kV 及以上电缆线路停电综合检修及重要缺陷消缺工作，要求制定检修方案。

二、检修方案内容

为确保检修的工艺质量，针对非常规工作应编制详细的专项作业方案。方案重点关注工作内容、试验检修段电缆基本情况、危险点及安全措施、工作组织、检修工艺质量要求、定置定位、工器具准备七大块：

（1）工作内容部分应包含停电前、停电时、停电后三个工作阶段的具体工作安排，明确各设备的检修、试验策略，以及是否涉及反措、大修、精益化检查和整改等各类内容。

（2）试验检修段电缆基本情况应根据电缆台账及现场踏勘综合制定，具体包括以下内容：

1）电缆线路基本情况，见表 3-1。

表 3-1 　　　　　　　 电 缆 线 路 基 本 情 况

线路名称及电缆段	电缆型号	电缆厂家	接地箱位置	接地箱类型	终端类型	避雷器厂家	投产年月

2）电缆停电方式，见表 3-2。

表 3-2 　　　　　　　　 电 缆 停 电 方 式

停役设备名称	停役方式
	应断开的闸刀、开关
	应接地地点

3）电缆接线示意图，见表 3-3。

电缆接线示意图应明确：同杆同通道线路、关联变电站、停电情况、接地线挂设位置。

表 3-3 　　　　　　　　 电 缆 接 线 示 意 图

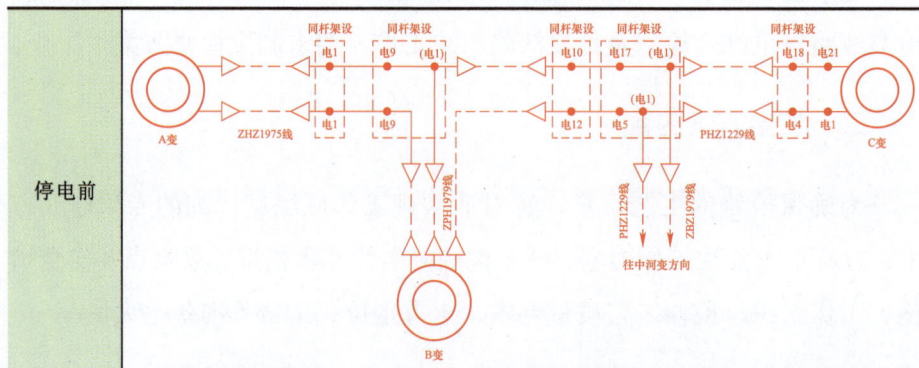

续表

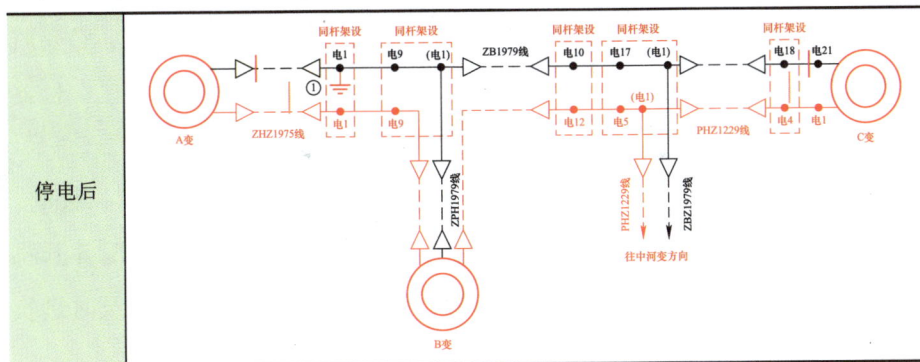

（3）危险点和安全措施必须包含安全措施、专项安措、危险点控制三部分，应特别关注工作范围内存在的运行设备和回路、工作接地线的挂设位置和时间、专职监护人的监护范围、带电和停电范围的交界面、工作线路上其他施工作业情况。需进入变电站内的工作应根据变电站内工作安全规程制定相应的安全措施。根据工作内容编写对应的注意事项和防范手段，杜绝方案之间复制粘贴。

（4）工作组织部分需明确现场工作组织关系，工作总负责人、各专业负责人，现场监护人，各项试验检修操作人员等，见表3-4。

表3-4 工 作 分 工 表

工作任务	人员
工作总负责人	
试验工作负责人	
检修工作负责人	
试验监护人员	
试验设备装车、卸车负责人	
试验工器具准备	
现场安措布置	

（5）检修方案须关注施工关键环节的质量控制要求，根据 Q/GDW 11262—2014《电力电缆及通道检修规程》针对检修类别明确检修项目对

41

应的检修内容与技术要求并严格执行。

（6）定置定位内容须包含特种车辆、大型设备定置定位情况，必要时设置待用物资存放区、拆旧物资存放区、加工区、耗材区、资料区、仪器和设备区。

（7）检修方案需明确工程所需仪器仪表、工具的名称、类别、数量。根据现场踏勘情况和设备状态评估结果应充分考虑备品备件情况并开物料清单，明确设备（材料）名称、型号、数量，对于备品不足需及时进货的还应明确供货厂家、预计到货时间等。

三、检修方案"编、审、批"

检修方案应按"1573"流程管控要求，暨停电前 15 天完成方案编制，停电前 7 天完成方案编审批，停电前 3 天完成方案交底。由工作总负责牵头相关专业负责人开展编写，涉及外施队伍配合工作的，应同时考虑和外施队伍专项施工方案的衔接配合。

检修方案应通过主管技术员的审核，涉及多专业的应同时通过各专业技术员的审核。

检修方案由检修项目分管领导内部批准。

部分特种作业方式或《安规》明确规定的情况，应报公司运检部，由公司运检部技术主管与分管领导分别审核、批准。

一级班前会前应完成检修方案的初稿编制，并交由相关人员初审。

四、两级班前会

一级班前会：按要求召开班前会（参会人员包括工程分管领导、相关技术安全专职、各专业分负责等）对检修方案进行集中复核，重点针对工作组织、工作任务内容、作业风险和安全措施进行再次评估；根据参会人员提出的意见进行修改、不足予以补充，完成方案终版的编制，形成一级班前会记录。会后及时履行方案批准手续，见图 3-4。

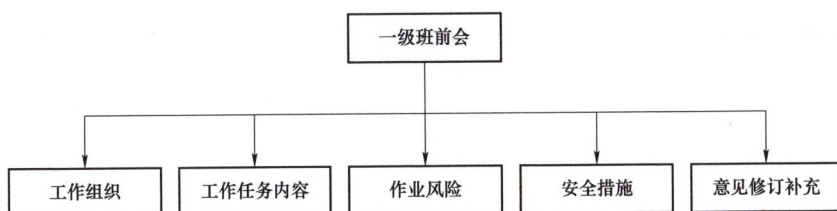

图 3-4 一级班前会

二级班前会：完成方案终版编制后，各专业班组召开对应的二级班前会，工作分负责人组织交代工作内容、作业风险和安全措施，并进行人员分工，保证各作业面各专业工作有序开展，见图 3-5。

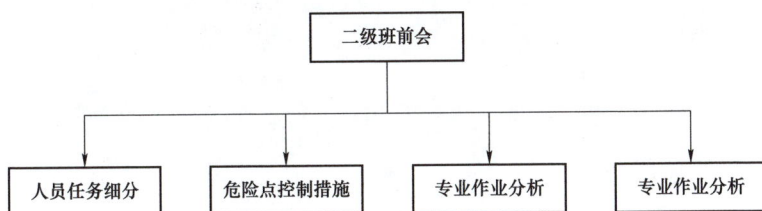

图 3-5 二级班前会

五、工器具材料准备

综合检修施工前，保证各作业面人员充足，提前进行不停电进场工作，完成特种车辆定置定位停放，大型备品备件按作业面吊装，各类电源线提前放置，作业面工作台完成搭建，各类消耗品按需补充，保证"人员齐整，装备整齐"。

（一）资料类

结合工作内容准备相关设备带电检测数据、周期巡视记录、检修作业指导书、设备图纸、装置说明书、线路图、反措文件等资料。

（二）设备类

结合设备检修策略，准备相关备品备件等，必要时提前完成相关试验、提前就位等工作。

（三）工器具类

结合工作内容，准备通用、专用工器具，检查工器具检验、试验周期、外观、功能是否完好，做好工器具登记工作，见图3-6。

图3-6 工器具准备

（四）耗材类

结合工作内容准备各类施工耗材，重点针对设备更换、铅封修补等工作所需耗材。

第四节 危险点预控到位

一、现场站班会

工作负责人负责组织全体工作成员召开站班会，对工作班成员进行工作任务、人员分工、工作地点、作业流程、安全措施、技术措施交底。

工作班成员应熟悉工作内容、人员分工、工作流程，明确工作中的危险点，掌握现场安全措施（含安全注意事项），清楚自己分工所存在的现场风险（危害）和控制措施，并在工作票和站班会记录上履行交底确认签名，见图3-7。

图 3-7 站班会

涉及多专业、多班组的工作应逐级逐层开展站班会交底工作。采用总分工作票时，总票负责人对分票负责人进行交底，分票负责人在总票和总站班会上签字。交底时可以组织全体人员一同召开，见图3-8。

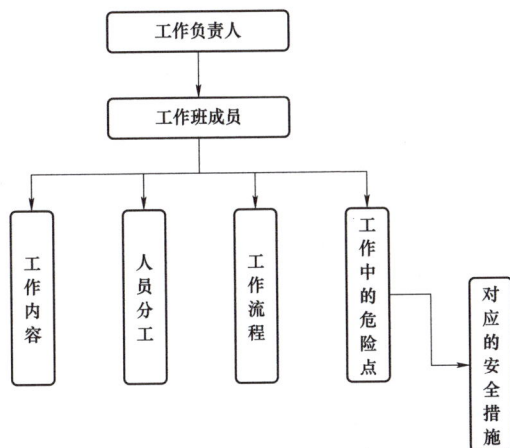

图 3-8 交底会

45

分票负责人应再次组织召开站班会，强化对分票工作相关的设备状态、安全措施和注意事项的交底。相关人员在分工作票和分站班会上签字。

分票内若依旧有较为明确的工作任务和区域划分，可增加相应站班会记录，所辖人员在此站班会和分票内签字。

厂家、辅助用工以分票为单位使用厂家人员教育卡和临时辅助用工教育卡进行交底和签名确认。

二、安措执行确认

安措执行包括工作票所列安全措施，以及工作需要实施的相关安全措施。工作负责人应与工作许可人逐项核对安全措施是否执行到位。

工作前应详细核对电缆标志牌的名称与工作票所填写的相符且电力电缆设备的标志牌要与电网系统图、电缆走向图和电缆资料的名称一致。安全措施正确可靠后，方可开始工作。

填用电力电缆第一种工作票的工作应经调控人员许可。填用电力电缆第二种工作票的工作可不经调控人员许可。若进入变、配电站、发电厂工作，都应经运维人员许可。

现场应在最小作业单元内开展手指口述形式的安全交底。最小作业单元负责人完成站班会交底后，各作业人员根据各自的作业任务分工或岗位职责，立足于作业现场实际，有针对性地逐一指出具体的危险点和风险内容。

工作人员在作业过程中随时关注安全措施状态，发现问题时及时向工作负责人提出，及时整改。次日复工时工作负责人应再次确认安全措施状态，并召开站班会，向工作班成员说明。

三、关键点、危险点监护

突然来电、防感应电等高风险作业场景下，工作前应对安全措施再次确认核对。

起重搬运作业、升高车作业时重点关注特种车辆就位情况和工作转动半径环境的确认。

按照安规要求电力电缆线路实验要格外注意以下安措：

（1）电力电缆试验要拆除接地线时，应征得工作许可人的许可（根据调控人员指令装设的接地线，应征得调控人员的许可），方可进行。工作完毕后立即恢复。

（2）电缆耐压试验前，加压端应做好安全措施，防止人员误入试验场所，另一端应设置围栏并挂上警告标识牌。如另一端是上杆的或是锯断电缆处，应派人看守。

（3）电缆耐压试验前，应先对设备充分放电。

（4）电缆的试验过程中，更换试验引线时，应先对设备充分放电，作业人员应戴好绝缘手套。

（5）电缆耐压试验分相进行时，另两相电缆应接地。

（6）电缆试验结束，应对被试电缆进行充分放电，并在被试电缆上加装临时接地线，待电缆尾线接通后才可拆除。

（7）电缆故障声测定点时，禁止直接用手触摸电缆外皮或冒烟小洞。

第五节　安全稽查到位

安全稽查是电力安全生产重要保障，应体现"严细实新　履职担当　战友情怀"，牢固树立"违章就是隐患、违章就是事故"的安全理念，坚决同违章做斗争，稽查采用领导到岗到位、班组和安全网成员现场稽查和远程监控等多种形式。根据作业风险等级合理安排稽查工作，工作重心要前移，为电缆中心安全生产把好关；稽查要注重全局，要善于发现现场的隐患和危险源，进行督促和提醒，服务于现场工作，并深入工作中去；电缆中心内部实行互查、自查、自纠、自处原则，严肃稽查纪律；稽查要注重实效，稽查包括过程管理、设备装置和作业人员，对违章坚持"四不放过"原则；要从思想上重视稽查工作，稽查是一种关爱不是找麻烦，是关爱每一位员工切身利益的体现。

第六节 到岗到位执行到位

现场各级作业人员应对工作内容、作业程序、危险点和安全措施清楚掌握。

工作负责人需确认工作班成员身体状况和精神状态是否良好。并对工作班成员进行工作任务、安全措施、技术措施交底和危险点告知，见图3-9。

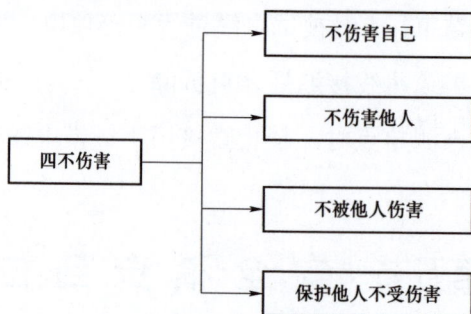

图3-9　四不伤害

工作班成员应认真参与班前会和现场站班会，仔细聆听相关事项，对危险点和安全措施牢记于心。

现场应在最小作业单元内开展手指口述形式的安全交底。

工作负责人、到岗到位人员、安全稽查人员在工作实施过程中对人员"四清楚"状态进行抽查考问。

第七节　检修总结编制

××线检修总结

一、线路接线图（见图 3-10 和图 3-11）

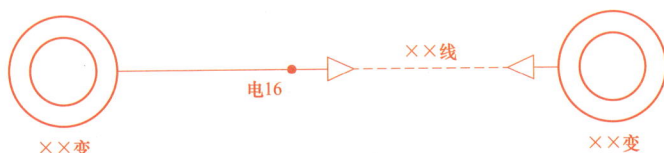

图 3-10　线路接线图

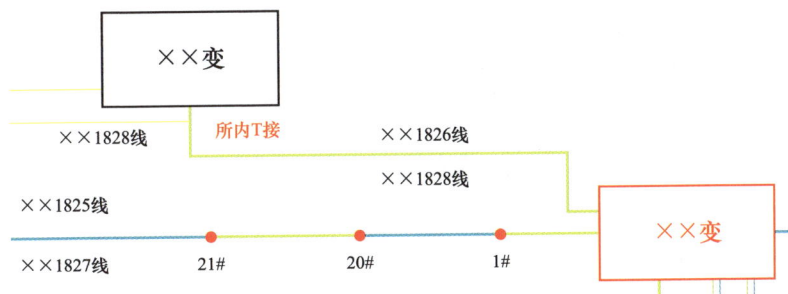

图 3-11　电缆总图

经核对线路接线图、电缆总图与现场无误。

二、线路参数（见表 3-5）

表 3-5　　　　　线 路 参 数

线路名称及电缆段		电缆型号	电缆厂家	接地箱位置	接地箱	终端	避雷器厂家	投产年月
××线	××变-××变（4.085km）	ZC-YJLW03-64/110kV 1×630mm²	××	××变	直接（壁挂式）	户外终端	—	2021.5.5
				1#-1	保护（智能箱）	—	—	
				1#-2	保护（智能箱）	—	—	

续表

线路名称及电缆段	电缆型号	电缆厂家	接地箱位置	接地箱	终端	避雷器厂家	投产年月
××线	××变－××变（4.085km）	ZC－YJLW03－64/110kV 1×630mm²	××	2#－1	直接（智能箱）	—	—	2021.5.5
				2#－2	直接（智能箱）	—	—	
				3#－1	保护（智能箱）	—	—	
				3#－2	保护（智能箱）	—	—	
				4#－1	直接（智能箱）	—	—	
				4#－2	直接（智能箱）	—	—	
				5#－1	保护（智能箱）	—	—	
				5#－2	保护（智能箱）	—	—	
				6#－1	直接（智能箱）	—	—	
				6#－2	直接（智能箱）	—	—	
				××变	保护（壁挂式）	GIS	—	

三、工作内容（见表 3-6）

表 3-6   工 作 内 容

线路名称	110kV ××线			
停复役日期	××××年××月××日 8:00－××××年××月××日 18:00			
工 作 周 期 安 排				
日期	工作地点	工作内容		负责人
4.11	X变	X变－1#外护套绝缘电阻检测		工作负责人：张×
	Y变	B变－6#回路电阻检测		
	××线	1）1#－X变，1#－2#回路电阻检测； 2）3#－2#，3#－4#回路电阻检测； 3）5#－4#，5#－6#回路电阻检测		
		1）2#－1#，2#－3#外护套绝缘电阻检测； 2）4#－3#，4#－4#外护套绝缘电阻检测； 3）6#－5#，6#－Y变外护套绝缘电阻检测		
4.12	××线	全线检查消缺		
工作内容视现场情况，如遇当日天气不具备试验条件则顺延或取消工作				

四、试验结果（见表3-7～表3-9）

表3-7　　　　　　　　　　　　试　验　结　果

试验位置	相别	段长（km）	回路电阻（MΩ）	外护套绝缘电阻（MΩ）	外护套电阻*电缆段长度
X变-1#	A	0.615	31.28	12.87	7.91505
	B		31.30	25.86	15.9039
	C		31.73	11.06	6.8019
1#-2#	A	0.65	25.36	15.68	10.192
	B		25.28	30.12	19.578
	C		44.40	48.24	31.356
2#-3#	A	0.65	34.87	30.99	20.1435
	B		34.19	67.55	43.9075
	C		34.83	194.6	126.49
3#-4#	A	0.56	30.66	0	0
	B		30.29	29.92	16.7552
	C		30.64	96.72	54.1632
4#-5#	A	0.635	33.17	8.34	5.2959
	B		33.87	147.9	93.9165
	C		33.58	404.6	256.921
5#-6#	A	0.52	27.41	53.1	27.612
	B		26.76	116.2	60.424
	C		27.31	232	120.64
6#-Y变	A	0.455	37.22	10.39	4.72745
	B		26.77	350	159.25
	C		25.79	434	197.47
结论	根据经验值回路电阻值为56MΩ·km。经检测110kV××线各相三相回路电阻数据均满足要求，试验合格。 　根据Q/GDW 11316—2014《电力电缆线路试验规程》，电缆外护套绝缘电阻应不低于0.5MΩ·km，经检测110kV××线3#-4# A相外护套不满足要求，其余各相外护套均满足要求，试验合格				
试验人员	张×、李×				
审核人员	王×		审核盖章		
检修专责	吴×				

表 3－8 　　　　　　　接地箱保护器绝缘电阻试验

试验位置	相别	接地箱保护器绝缘电阻（GΩ）
Y 变	A	1.39
	B	1.53
	C	2.31
1#－1	A	2.72
	B	2.77
	C	2.31
1#－2	A	2.79
	B	3.71
	C	3.51
3#－1	A	3.23
	B	2.13
	C	3.22
3#－2	A	3.11
	B	3.32
	C	3.92
5#－1	A	3.93
	B	3.21
	C	5.29
5#－2	A	5.32
	B	5.39
	C	2.37
结论	根据 Q/GDW 11316—2014《电力电缆线路试验规程》，接地箱保护器绝缘电阻应不低于 100MΩ。经检测 110kV××线 Y 变、1#－1、1#－2、3#－1、3#－2、5#－1、5#－2 接地箱保护器绝缘电阻数据均满足要求，试验合格	
试验人员	张×、李×	
审核人员	王×	审核盖章
检修专责	吴×	

表 3–9   在带电线路杆塔上工作与带电导线最小安全距离

电压等级 kV	安全距离 m	电压等级 kV	安全距离 m
交流线路			
10 及以下	0.7	330	4.0
20、35	1.0	500	5.0
66、110	1.5	750	8.0
220	3.0	1000	9.5
直流线路			
±50	1.5	±660	9.0
±400	7.2	±800	10.1
±500	6.8		

第八节 工作票制度

在电力线路上工作，应按下列方式进行：

填用电力线路第一种工作票。

填用电力电缆第一种工作票。

填用电力线路第二种工作票。

填用电力电缆第二种工作票。

填用电力线路带电作业工作票。

填用电力线路事故紧急抢修单。

口头或电话命令。

（1）填用第一种工作票的工作为：

在停电的线路或同杆（塔）架设多回线路中的部分停电线路上的工作。

在停电的配电设备上的工作。

高压电力电缆需要停电的工作。

在直流线路停电时的工作。

在直流接地极线路或接地极上的工作。

（2）填用第二种工作票的工作为：

带电线路杆塔上且与带电导线最小安全距离不小于表 3－9 规定的工作。

在运行中的配电设备上的工作。

电力电缆不需要停电的工作。

直流线路上不需要停电的工作。

直流接地极线路上不需要停电的工作。

一、电力电缆第一种工作票（见图 3－12）

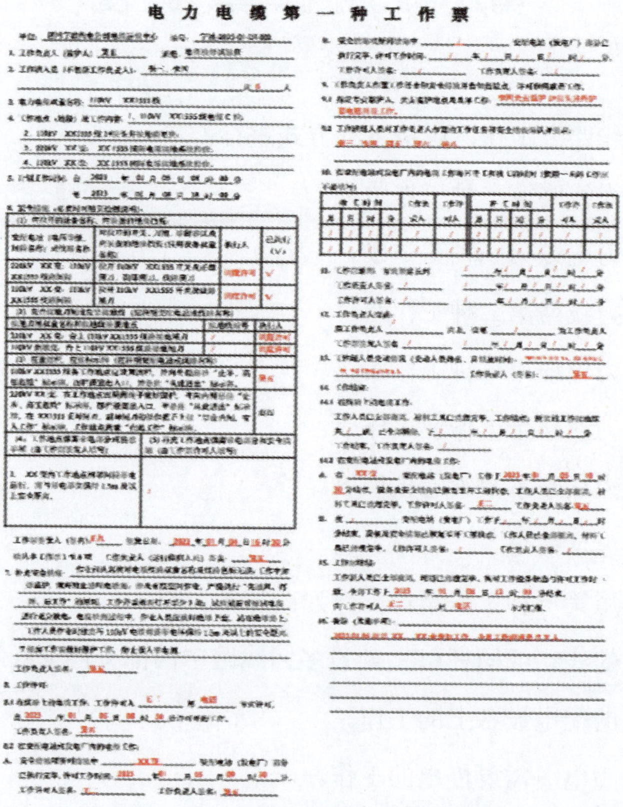
电力电缆第一种工作票

图 3－12　电力电缆第一种工作票

二、电力线路第二种工作票（见图 3–13）

电 力 电 缆 第 二 种 工 作 票

单位：电缆运检中心 编号：NBSY3-D2-210613

1. 工作负责人（监护人）：张三 班组：电缆运检二班

2. 工作班人员（不包括工作负责人）：张三、李四

共 2 人

3. 工作任务：

线路或设备名称	工作地点、范围	工作内容
110kV XX1834 线	220kV XX 变：XX1834 线路间隔电缆接地箱	接地箱在线监测装置 SIM 卡更换

4. 计划工作时间：自 2021 年 06 月 08 日 08 时 00 分 至 2021 年 06 月 08 日 18 时 00 分

5. 工作条件和安全措施：1、作业前认真核对电缆线路双重名称、线路间隔双重名称无误；2、工作中加强监护，做好防感应电措施；正确佩戴安全帽；3、工作时，与带电设备保持足够安全距离（110kV≥1.5 米），作业人员应严格控制动作幅度；4、工作人员不得随意踩踏带电电缆；5、应注意电缆接地系统中感应电的伤害，佩戴绝缘手套；6、在工作地点放置"在此工作"标志牌。（工作负责人张三：12345678901）

工作票签发人（签名）：周七 2021 年 6 月 7 日 16 时 00 分

6. 确认本工作票 1 至 5 项内容。 工作负责人签名 张三

7. 补充安全措施（工作许可人填写）：

8. 工作许可：

8.1 在线路上的电缆工作：

工作许可时间 ____年____月____日____时____分，工作负责人签名：XXX

8.2 在变电站或发电厂内的电缆工作：

A. 安全措施项所列措施中 ________ 变电所（发电厂）部分已执行完毕，许可自 ____年____月____日____时____分起开始工作。工作许可人签名：________ 工作负责人签名：________

B. 安全措施项所列措施中 ________ 变电所（发电厂）部分已执行完毕，许可自 ____年____月____日____时____分起开始工作。工作许可人签名：________ 工作负责人签名：________

9. 确认工作负责人布置的工作任务和安全措施。工作班组人员签名：XXX,XXX

10. 工作票延期：有效期延长到 ____年____月____日____时____分

工作负责人签名：________ ____年____月____日____时____分

工作许可人签名：________ ____年____月____日____时____分

11. 工作负责人变动：

原工作负责人 ________ 离去，变更 ________ 为工作负责人

工作票签发人签名 ________ ____年____月____日____时____分

12. 工作票终结：

12.1 在线路上的电缆工作：

工作结束时间 ____年____月____日____时____分工作负责人签名：________

12.2 在变配电站或发电厂内的电缆工作：

A. 在 ________（变配电站/发电厂）

工作于____年____月____日____时____分结束，工作人员已全部退出，材料工具已清理完毕。

工作许可人签名：________ 工作负责人签名：________

B. 在 ________（变配电站/发电厂）

工作于____年____月____日____时____分结束，工作人员已全部退出，材料工具已清理完毕。

工作许可人签名：________ 工作负责人签名：________

13. 备注：

图 3–13 电力电缆第二种工作票

三、数字化工作票

（一）数字化电力电缆第一种工作票

1. App 开票

点击【新增】。

点击【工作票信息】，带红色*是必填项，需在开票环节填写。

将必填选项填写完成后，可点击【保存】再点击【提交】后，会进入选择签发人页面。

选择签发人页面。勾选一个签发人。点击【选择】，再点击弹框中的【确定】，即可完成工作票开票。数据进入下一流程。

2. App 站内审票

站内审票人可从列表页点击工作票，进入后站内审票人审查票面信息（此处为进站工作票，未进站工作票则无此流程）。

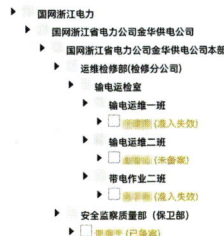

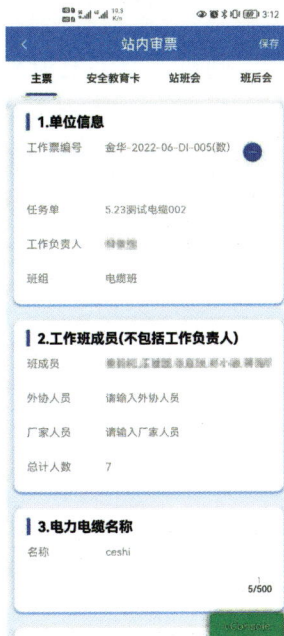

3. App 签发

签发人可从列表页点击进入。

进入后填写红色必填部分，可点击【保存】再点击【提交】，勾选是否双签发，打钩，则进入双签发流程，双签发需要选择第二签发人和时间。

4. App 待接票

工作负责人接票，接票人可从列表页点击进入。

进入后确认接票人或补充安全措施，点击【保存】再点击【提交】后，数据进入下一环节。

5. App 待许可（此处为进站工作票）

变电站所对应的运维班组所有班组成员都可以许可，可从列表页点击进入。

进站的工作票先负责人进入票面许可填写许可方式等内容，并向变电站提起申请许可，由站内许可人完成站内许可后再提交给负责人确认安措。

未进站的工作票负责人进入票面许可即可。

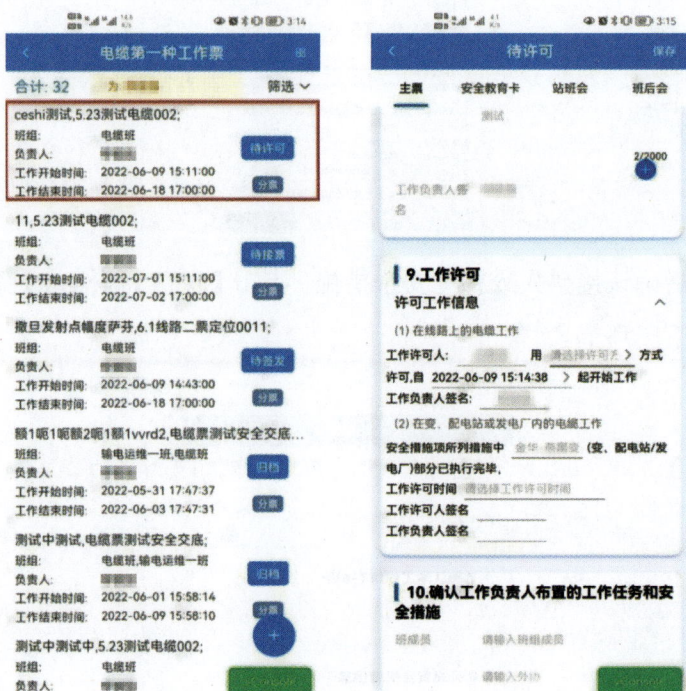

点击保存、提交。进入下一流程执行环节。

6. 执行签名（App）

负责人可从列表页点击进入。

选择班组成员进行签字，上传安全交底和安措布置资料，点击右上方【保存】。若此时不再进行其他操作，点击右上方【提交】，数据进入下一流程。若涉及其他操作，见下文。

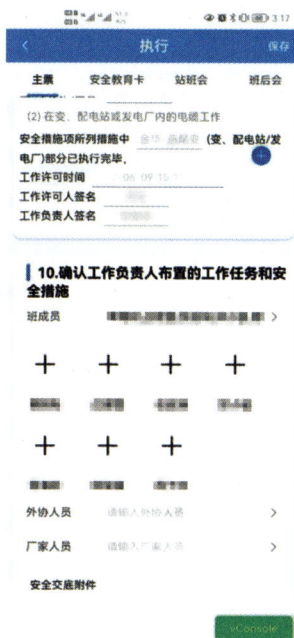

7. 工作终结（App）

工作执行完毕，负责人在执行环节点击【保存】、【提交】，进入终结环节。进站工作票先站内审票人选择终结时间再提交给负责人，负责人再填写相应内容后提交，流程结束，此处未进站工作票（未进站工作票由负责人一人填写内容提交就结束流程）。

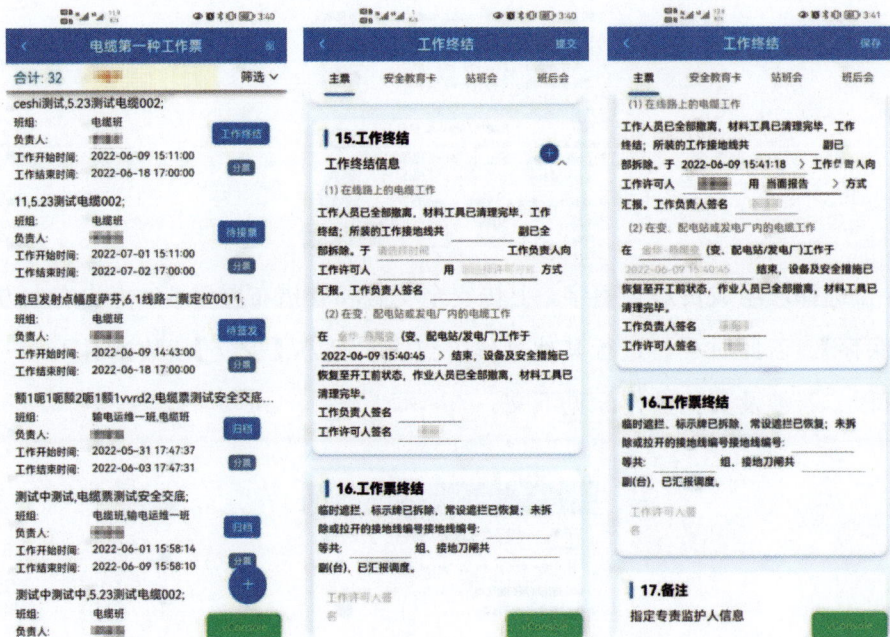

（二）数字化电力电缆第二种工作票

1. App 开票

点击【新增】。

点击【工作票信息】，带红色*是必填项，需在开票环节填写。

将必填选项填写完成后，可点击【保存】再点击【提交】后，会进入选择签发人页面。

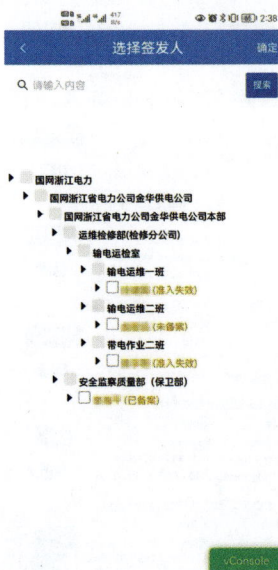

选择签发人页面。勾选一个签发人。点击【选择】，再点击弹框中的【确定】，即可完成工作票开票。数据进入下一流程。

2. App 签发

签发人可从列表页点击进入。

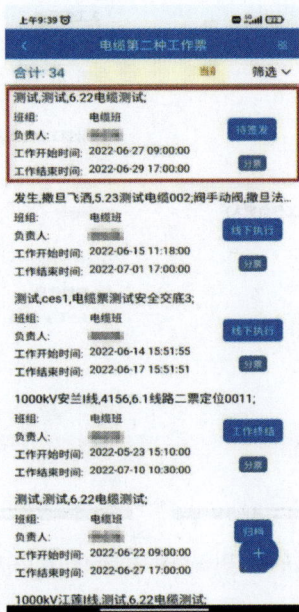

进入后填写红色必填部分，可点击【保存】再点击【提交】，勾选是否双签发，打钩，则进入双签发流程，双签发需要选择第二签发人和时间。

3. App 站内审票

站内审票人可从列表页点击工作票，进入后站内审票人审查票面信息（此处为进站工作票，未进站工作票则无此流程）。

4. App 待接票

负责人可从从列表页点击进入。

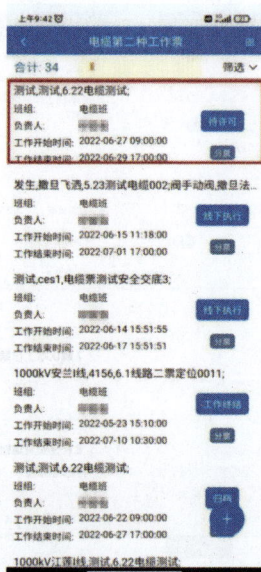

进入后确认接票人或补充安全措施，点击【保存】再点击【提交】后，数据进入下一环节。

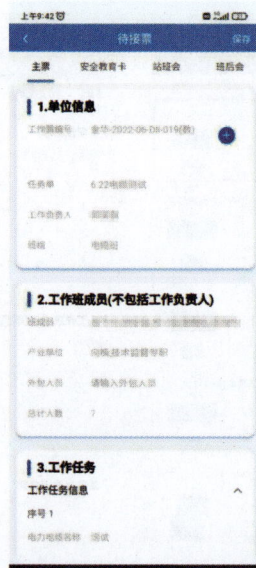

5. App 待许可（此处为进站工作票）

进站的工作票由负责人进入票面许可即可。

未进站的工作票先负责人进入票面许可即可。

点击保存、提交。进入下一流程执行环节。

6. 执行（App）

（1）执行签名。

负责人可从列表页点击进入。

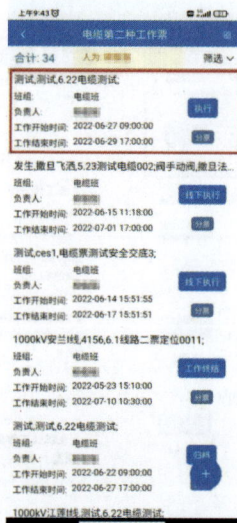

选择班组成员进行签字，上传安全交底和安措布置资料，点击右上方【保存】。若此时不再进行其他操作，点击右上方【提交】，数据进入下一流程。若涉及其他操作，见下文。

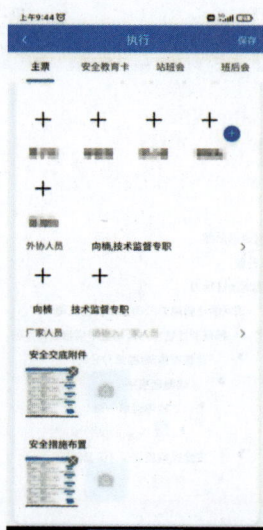

（2）申请延期。

负责人点击【申请延期】。许可人选择【有效期延长到】的日期，点击【确认延期】，签名和签名时间自动带出。流程结束。

（3）申请许可/申请终结（进站工作）。

由负责人申请许可，再由站内审票人进行许可，申请终结也如前所述（需要先申请许可完才能申请终结）。

（4）定位。

保存时显示自动定位成功或失败，是否选择手动定位。

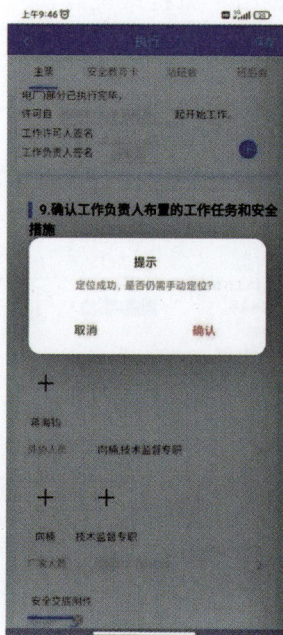

第四章

检修项目及其一般缺陷

按工作内容及工作涉及范围，将电缆及通道检修工作分为四类：A 类检修、B 类检修、C 类检修、D 类检修。其中 A、B、C 类是停电检修，D 类是不停电检修。

第一节　ABCD 类检修释义

A 类检修　A－level maintenance
指电缆及通道的整体解体性检查、维修、更换和试验。

B 类检修　B－level maintenance
指电缆及通道局部性的检修，部件的解体检查、维修、更换和试验。

C 类检修　C－level maintenance
指电缆及通道常规性检查、维护和试验。

D 类检修　D－level maintenance
指电缆及通道在不停电状态下进行的带电测试、外观检查和维修。

电缆及通道的检修分类和检修项目见表 4－1。

表 4－1　　　　　　　电缆及通道的检修分类和检修项目

检修分类	检修项目
A 类检修	A.1 电缆整条更换 A.2 电缆附件整批更换

续表

检修分类	检修项目
B 类检修	B.1 主要部件更换及加装 　　B.1.1 电缆少量更换 　　B.1.2 电缆附件部分更换 B.2 主要部件处理 　　B.2.1 更换或修复电缆线路附属设备 　　B.2.2 修复电缆线路附属设施 B.3 其他部件批量更换及加装 　　B.3.1 接地箱修复或更换 　　B.3.2 交叉互联箱修复或更换 　　B.3.3 接地电缆修复 B.4 诊断性试验
C 类检修	C.1 外观检查 C.2 周期性维护 C.3 例行试验 C.4 其他需要线路停电配合的检修项目
D 类检修	D.1 专业巡检 D.2 不需要停电的电缆缺陷处理 D.3 通道缺陷处理 D.4 在线监测装置、综合监控装置检查维修 D.5 带电检测 D.6 其他不需要线路停电配合的检修项目

第二节　检 修 策 略

检修策略的一般要求如下：

（1）电缆线路的状态检修策略既包括年度检修计划的制定，也包括缺陷处理、试验、不停电的维修和检查等。检修策略应根据设备状态评价的结果动态调整。

（2）年度检修计划每年至少修订一次。根据最近一次设备的状态评价结果，考虑设备风险评估因素，并参考制造厂家的要求确定下一次停电检修时间和检修类别。在安排检修计划时，应协调相关设备检修周期，统一安排、综合检修，避免重复停电。

（3）对于设备缺陷，根据缺陷性质，按照缺陷管理相关规定处理。同一设备存在多种缺陷，也应尽量安排在一次检修中处理，必要时，可调整检修类别。

（4）C 类检修正常周期宜与试验周期一致。不停电维护和试验根据实际情况安排。

一、"正常状态"检修

被评价为"正常状态"的设备，检修周期按基准周期延迟 1 个年度执行。超过 2 个基准周期未执行 C 类检修的设备，应结合停电执行 C 类检修。

二、"注意状态"检修策略

被评价为"注意状态"的电缆线路，如果单项状态量扣分导致评价结果为"注意状态"时，应根据实际情况缩短状态检测和状态评价周期，提前安排 C 类或 D 类检修。如果由多项状态量合计扣分导致评价结果为"注意状态"时，应根据设备的实际情况，增加必要的检修和试验内容。

三、"异常状态"检修策略

被评价为"异常状态"的电缆线路，根据评价结果确定检修类型，并适时安排 C 类或 B 类检修。

四、"严重状态"检修策略

被评价为"严重状态"的电缆线路应立即安排 B 类或 A 类检修。

第三节　电缆相关检修要求及常见的缺陷

一、电缆本体

正常状态电缆本体 C 类检修项目、检修内容及技术要求见表 4-2。

表 4-2　　　　　　　　　正常状态电缆本体 C 类检修项目

检修项目	检修内容	技术要求
外观检查	1）检查电缆是否存在过度弯曲、过度拉伸、外部损伤等情况，检查充油电缆是否存在渗漏油情况。 2）检查电缆抱箍、电缆夹具和电缆衬垫是否存在锈蚀、破损、缺失、螺栓松动等情况。 3）检查电缆的蠕动变形，是否造成电缆本体与金属件、构筑物距离过近。 4）检查电缆防火设施是否存在脱落、破损等情况	1）电缆不应存在过度弯曲、过度拉伸、外部损伤等情况，充油电缆不应存在渗漏油情况。 2）电缆抱箍、电缆夹具和电缆衬垫不应存在锈蚀、破损、缺失、螺栓松动等情况。 3）采取有效措施，防止电缆本体与金属件、构筑物摩擦。 4）电缆防火设施应完好
例行试验	1）电缆外护套及内衬层绝缘电阻测量。 2）电缆外护套直流耐压。 3）电缆主绝缘绝缘电阻测量。 4）橡塑电缆主绝缘交流耐压试验	见附录 A

注　异常、严重状态电缆本体缺陷状态、检修类别、检修内容及技术要求见表 4-3。

表 4-3　　　　　　　　异常、严重状态电缆本体缺陷处理

缺陷	状态	检修类别	检修内容	技术要求
电缆外护套损伤	注意	D 类	1）修复。 2）修复后再次测量外护套绝缘电阻，并进行直流耐压试验	外护套绝缘电阻值应满足附录 A 要求，直流耐压试验不击穿
	异常	D 类		
	严重	C 类		
电缆金属护层、铠装变形、破损	注意	D 类	持续观察，结合停电进行修复	应无明显恶化趋势
	异常	C 类	1）停电处理，去除受损金属护层、铠装，电缆主绝缘应未受损。 2）修复电缆金属护层、铠装。 3）测量金属护层和导体电阻比	金属护层和导体电阻比应无明显变化

续表

缺陷	状态	检修类别	检修内容	技术要求
电缆金属护层、铠装变形、破损	严重	B 类	1）停电处理，去除受损金属护层、铠装。 2）电缆主绝缘受损的，应切除受损段电缆，重新安装电缆接头。 3）按附录 A 进行相关试验	见附录 A
电缆主绝缘电阻异常	注意	C 类	进行诊断性试验	
	异常	B 类	1）进行诊断性试验。 2）试验不合格则进行故障查找及故障处理，更换部分电缆，重新安装电缆接头或终端。 3）按附录 A 进行相关试验	见附录 A
	严重	A 类	1）进行诊断性试验。 2）试验不合格则进行故障查找及故障处理，如确定因老化等原因整条电缆无法满足运行要求，进行整体更换。 3）按 GB 50150 要求进行交接试验	按照 GB 50150 的相关要求
电缆抱箍和电缆夹具锈蚀、破损、部件缺失	注意	D 类	1）除锈、防腐处理。 2）螺栓紧固	电缆抱箍、电缆夹具应不存在锈蚀、破损、部件缺失、螺栓松动等情况
	异常	D 类	1）除锈、防腐处理。 2）螺栓紧固。 3）更换	
	严重	D 类	1）除锈、防腐处理。 2）螺栓紧固。 3）更换	
电缆本体防火设施异常	注意	D 类	修复	电缆本体防火设施应完好，不存在防火带脱落、防火涂料剥落、防火槽盒破损、防火堵料缺失等情况
	异常	—	—	
	严重	—	—	
充油电缆渗漏油	注意	C 类	1）补漏。 2）补油	应对充油电缆内的电缆油及新电缆油进行取样试验，试验结果应满见下列表格要求。补油之后充油电缆油压应达到正常水平
	异常			
	严重			

试验项目	基准周期	试验方法和技术要求	说明
电缆金属护层接地电流带电测试（适用时）	必要时	接地电流≤100A，接地电流/负荷＜20%，单相接地电流最大值/最小值比值小于3且不应有明显变化	运行巡视基准周期：330kV级以上：1月220kV：3月110（66）kV：6月
红外热像检测	必要时	1）用红外热像仪检测避雷器本体及电气连接部位，红外热像图显示应无异常温升、温差和/或相对温差。2）用红外热像检测电缆本体、电缆终端、电缆接头、电缆分支处及接地线（如可测），红外热像图显示无异常温升、温差和/或相对温差	运行巡视基准周期：330kV级以上：1月220kV：3月110kV及以下：6月
避雷器运行中持续电流检测	必要时	1）宜在每年雷雨季节前进行本项目。2）通过与同组间其他避雷器的测量结果相比较做出判断，彼此应无显著差异	运行巡视基准周期：1年
充油电缆油压示警系统	必要时	合上试验开关，应能正确发出示警信号	运行巡视基准周期：6月
相位核对	1）基准周期：3年。2）必要时	与电网相位一致	10、20kV电缆线路为诊断性试验

二、电缆终端

表4-4　　　　　　　　　正常状态电缆终端C类检修

检修项目	检修内容	技术要求	备注
绝缘套管	1）检查外观有无破损、污秽。2）套管外绝缘有无污秽及放电痕迹。3）清扫或复涂RTV	1）外观无异常。2）套管外绝缘无污秽及放电痕迹	复合套管严禁使用酒精、乙醚等有机溶剂清扫，爬距不满足要求的瓷外套应进行更换；瓷外套RTV复涂次数不得超过3次
支柱绝缘子	1）检查外观有无破损、污秽。2）检测上、下端面是否水平。3）绝缘电阻是否满足要求。4）清扫	1）外观无异常。2）上、下端面应处在同一水平面。3）用1000V兆欧表，不得低于10MΩ	
油补偿装置	1）检查外观有无破损、有无渗漏油情况。2）检查油压是否正常，油压表是否正常	1）外观无异常，无渗漏油情况。2）油压正常，油压表正常	—

续表

检修项目	检修内容	技术要求	备注
设备线夹	1）检查外观有无异常，是否有弯曲、氧化、灼伤等情况。 2）检查紧固螺栓是否存在锈蚀、松动、螺帽缺失等情况。 3）恢复搭接	1）外观无异常，高压引线、接地线连接正常。 2）螺栓不应存在锈蚀、松动、螺帽缺失等情况。 3）搭接良好，按附录 B 要求紧固螺栓	电气搭接面应涂抹适量电力复合脂
终端基础、支架、围栏及保护管	1）检查基础是否存在沉降、倾斜等情况。 2）检查终端支架是否存在锈蚀、破损、部件缺失等情况。 3）检查围栏、围墙是否存在破损、倒塌、部件缺失等情况。 4）检查终端下方电缆保护管是否存在破损、封堵材料缺失等情况	1）基础不应存在沉降、倾斜等情况。 2）终端支架不应存在锈蚀、破损、部件缺失等情况。 3）检查围栏不应存在破损、倒塌、部件缺失等情况。 4）终端下方电缆保护管不应存在破损、封堵材料缺失等情况	—

表 4-5　　　　异常、严重状态电缆终端缺陷处理

缺陷	状态	检修类别	检修内容	技术要求	备注
设备线夹发热	注意	C 类	1）除锈、修整。 2）涂抹电力复合脂。 3）紧固螺栓	同一线路相间温差不超过 15K，温度不超过 90℃	—
设备线夹发热	异常	C 类	1）除锈、修整。 2）涂抹电力复合脂。 3）紧固螺栓。 4）更换	同一线路相间温差不超过 15K，温度不超过 90℃	—
设备线夹发热	严重	C 类	1）除锈、修整。 2）涂抹电力复合脂。 3）紧固螺栓。 4）更换	同一线路相间温差不超过 15K，温度不超过 90℃	—
电缆终端绝缘套管破损	注意	D 类	加强巡视，缩短红外测温工作周期，结合停电进行修补	红外测温应无异常，套管破损程度应无变化	
电缆终端绝缘套管破损	异常	1）C 类。 2）B 类	1）更换外绝缘绝缘套管，充油式电缆终端须同时更换绝缘油。 2）更换终端	电缆终端绝缘套管完好，按照附录 A 要求完成相关试验	
电缆终端绝缘套管破损	严重	B 类	更换终端		
电缆终端表面严重积污	注意	C 类	结合停电进行清扫		对于污秽等级上升的区域，更换时应提高电缆终端爬距
电缆终端表面严重积污	异常	1）C 类。 2）B 类	1）停电清扫。 2）更换终端	电缆终端外观正常，盐密和灰密在正常范围内	对于污秽等级上升的区域，更换时应提高电缆终端爬距
电缆终端表面严重积污	严重	B 类	更换终端		对于污秽等级上升的区域，更换时应提高电缆终端爬距

续表

缺陷	状态	检修类别	检修内容	技术要求	备注
电缆终端异物悬挂	注意	D类	带电处理	电缆终端应无异物悬挂	—
	异常	C类	停电处理		
	严重	C类	停电处理		
电缆终端渗漏油，油压异常	注意	D类	1）检查油位，缩短巡视周期，加强巡视，记录油压并阶段性拍照比对。 2）带电距离足够的情况下，清除终端下方的油迹，便于观察是否持续渗漏。 3）请厂家技术人员配合检查并处理，无法带电处理的结合停电处理	电缆终端下方油迹应无明显变化	—
电缆终端渗漏油，油压异常	异常	C类	1）停电处理，请厂家技术人员配合检查并处理，程度轻微的采取堵漏措施，严重的更换主要部件及绝缘油。 2）跟踪观察一段时间，确认是否还有渗漏现象	应无渗漏油情况，更换绝缘油后应按附录A要求完成相关试验	—
	严重	1）C类。 2）B类	1）停电处理，请厂家技术人员配合检查并处理，更换主要部件及绝缘油，或更换终端。 2）跟踪观察一段时间，确认是否还有渗漏现象	应无渗漏油情况，应按附录A要求完成相关试验	—
支柱绝缘子破损、碎裂	注意	D类	缩短巡视周期，加强巡视，阶段性拍照比对，结合停电进行更换	应无明显变化	—
	异常	C类	停电更换	应确保支柱绝缘子上端面水平，受力均匀	
	严重	C类	停电更换		
引流线过紧	注意	D类	缩短巡视周期，加强巡视，阶段性拍照比对	应无明显变化	—
	异常	C类	加装过渡板或更换引流线	引流线应自然松弛，风偏应满足设计要求	—
	严重	C类	加装过渡板或更换引流线		—
终端基础沉降、倾斜	注意	D类	缩短巡视周期，加强巡视，阶段性拍照比对、测量	应无明显变化	—
	异常	C类	1）停电处理，对基础进行扶偏、加固处理。 2）跟踪观察一段时间，确认是否还有沉降、倾斜现象	终端基础应满足设计、运行要求	—
	严重	B类	1）停电处理，对基础进行扶偏、加固处理。 2）拆除基础，重新施工		

缺陷	状态	检修类别	检修内容	技术要求	备注
终端支架锈蚀、破损、部件缺失	注意	1）D类。 2）C类	1）安全距离满足要求的，带电进行除锈防腐处理、更换或加装。 2）安全距离不满足要求的，停电进行除锈防腐处理、更换或加装	终端支架应无锈蚀、破损、部件缺失等情况	—
	异常				
	严重				
终端围栏破损、倒塌、部件缺失	注意	D类	修复	终端围栏应无破损、倒塌、部件缺失等情况	—
	异常	—	—		
	严重	—	—		
终端下方电缆保护管破损、封堵材料缺失	注意	D类	修复	终端下方电缆保护管应无破损、封堵材料缺失等情况	—
	异常	—	—		
	严重	—	—		

三、电缆接头

（1）正常状态电缆接头 C 类检修项目、检修内容及技术要求见表 4-6。

（2）注意、异常、严重状态电缆接头缺陷状态、检修类别、检修内容及技术要求见表 4-7。

表 4-6 **正常状态电缆接头 C 类检修**

检修项目	检修内容	技术要求	备注
外观检查	1）检查电缆接头外观有无异常。 2）检查电缆接头两侧伸缩节有无明显变化。 3）检查电缆接头托架、夹具有无偏移、锈蚀、破损、部件缺失等情况。 4）检查电缆接头防火设施是否完好	1）外观应无异常。 2）电缆接头两侧伸缩节应无明显变化。 3）电缆接头托架、夹具应无偏移、锈蚀、破损、部件缺失等情况。 4）电缆接头防火设施应完好	—

表4-7 注意、异常、严重状态电缆接头缺陷处理

缺陷	状态	检修类别	检修内容	技术要求	备注
电缆接头变形、破损	注意	D 类	1）加做保护措施。 2）缩短电缆金属护层接地电流检测周期。 3）利用超声波检测、高频、超高频局放检测等先进技术手段进行检测	各类检测结果应无异常	—
	异常	1）C 类。 2）B 类	1）利用超声波检测、高频、超高频局放检测等先进技术手段进行检测，确认电缆接头主要部件无损伤，修复防水外壳、接地铜壳。 2）更换电缆接头	更换电缆接头后应按 DL/T 393—2010 要求完成相关试验	
	严重	B 类	更换电缆接头		
电缆接头发热	注意	D 类	缩短巡视周期加强观察，结合接地环流检测、超声波检测、高频、超高频局放检测等先进技术手段进行检测	应无异常。更换电缆接头后应按附录A要求完成相关试验	—
	异常	1）D 类。 2）C 类。 3）B 类	1）缩短巡视周期加强观察，结合接地环流检测、超声波检测、高频、超高频局放检测等先进技术手段进行检测。 2）停电检查接头两侧铅封情况，是否存在虚焊、铅封脱落等情况。 3）更换电缆接头		
	严重	B 类	更换电缆接头		

四、附属设备

（一）避雷器

（1）正常状态避雷器 C 类检修项目、检修内容及技术要求见表4-8。

（2）注意、异常、严重状态避雷器缺陷状态、检修类别、检修内容及技术要求见表4-9。

表4-8 正常状态避雷器 C 类检修

检修项目	检修内容	技术要求	备注
绝缘套管	1）检查外观有无破损、污秽，无异物附着。 2）套管外绝缘有无污秽及放电痕迹。 3）均压环无错位。 4）清扫	1）外观无异常，高压引线、接地线连接正常。 2）套管外绝缘无污秽及放电痕迹。 3）均压环无错位	复合套管严禁使用酒精、乙醚等有机溶剂清扫，对于污秽等级上升的区域，更换时应提高避雷器爬距

检修项目	检修内容	技术要求	备注
设备线夹	1）检查外观有无异常，是否有弯曲、氧化等情况。 2）检查紧固螺栓是否存在锈蚀、松动、螺帽缺失等情况。 3）恢复搭接	1）外观无异常。 2）螺栓应不存在锈蚀、松动、螺帽缺失等情况。 3）搭接良好，按要求紧固螺栓	电气搭接面应涂抹适量电力复合脂
例行试验	1）直流 1mA 电压（U_{m} A）及在 $0.75U_{i}$ mA 下漏电流测量。 2）避雷器底座绝缘电阻测量。 3）放电计数器功能检查、电流表校验。 4）计数器上引线绝缘检查	见附录 A	—

表 4-9　　　　　注意、异常、严重状态避雷器缺陷处理

缺陷	状态	检修类别	检修内容	技术要求	备注
避雷器发热	注意	1）D 类。 2）C 类	1）加强巡视，缩短红外测温工作周期。 2）结合停电更换	测温果应无明显变化	—
	异常	C 类	更换		
	严重	C 类	更换		
避雷器绝缘套管破损	注意	D 类	加强巡视，缩短红外测温工作周期	避雷器外观正常，红外测温结果正常	—
	异常	C 类	更换		
	严重	C 类	更换		
避雷器表面严重积污	注意	C 类	停电清扫	避雷器外观正常，盐密和灰密在正常范围内	对于污秽等级上升的区域，更换时应提高避雷器爬距
	异常	1）C 类。 2）B 类	1）停电清扫。 2）更换		
	严重	B 类	更换		
异物悬挂	注意	D 类	带电处理	避雷器应无异物悬挂	—
	异常	C 类	停电处理		
	严重	C 类	停电处理		
引流线过紧	注意	D 类	缩短巡视周期，加强巡视，阶段性拍照比对	避雷器应无倾斜现象，且无明显变化	—
	异常	C 类	加装过渡板或更换引流线	引流线应自然松弛，风偏满足设计要求	
	严重	C 类	加装过渡板或更换引流线		

续表

缺陷	状态	检修类别	检修内容	技术要求	备注
均压环锈蚀、移位、脱落	注意	C类	1)除锈防腐处理。 2)更换或加装	均压环应无锈蚀、移位、脱落情况	—
	异常				
	严重				
避雷器支架锈蚀、破损、部件缺失	注意	1)D类。 2)C类	1)安全距离满足要求的,带电进行除锈防腐处理、更换或加装。 2)安全距离不满足要求的,停电进行除锈防腐处理、更换或加装	避雷器支架应无锈蚀、破损、部件缺失等情况	—
	异常				
	严重				
电气试验不合格	注意	—	—	见附录A	—
	异常	—	—		
	严重	C类	更换		

(二)接地系统

(1)正常状态接地系统 C 类检修项目、检修内容及技术要求见表 4-10。

(2)注意、异常、严重状态接地系统缺陷状态、检修类别、检修内容及技术要求见表 4-11。

表 4-10　　　　　　　正常状态接地系统 C 类检修

检修项目	检修内容	技术要求	备注
外观检查	1)检查接地箱、交叉互联箱的箱体、基础、支架外观。 2)检查接地箱、交叉互联箱内部电气连接及护层过电压限制器外观。 3)检查接地电缆、同轴电缆、回流线。 4)检查接地极	无异常	—
例行试验	1)核对交叉互联接线方式。 2)电缆外护套、绝缘接头外护套、绝缘夹板对地直流耐压试验。 3)护层过电压限制器及其引线对地绝缘电阻测量。 4)接地极接地电阻测量	见附录A	—

表 4－11　　　　　注意、异常、严重状态接地系统缺陷处理

缺陷	状态	检修类别	检修内容	技术要求	备注
接地箱、交叉互联箱箱体破损、缺失	注意	D 类	对于不接触带电体的，采取临时措施修复，需要接触带电体的，结合停电处理	接地箱、交叉互联箱箱体应完好，无破损、缺失情况	—
	异常	C 类	停电处理，修复或更换部件，情况严重的更换接地箱、交叉互联箱		
接地箱、交叉互联箱箱体破损、缺失	严重	C 类	停电处理，更换接地箱、交叉互联箱	—	—
接地箱、交叉互联箱基础破损、沉降	注意	D 类	带电处理，加固或修复	接地箱、交叉互联箱基础应完好，无破损、沉降等情况	—
	异常				
	严重				
接地箱、交叉互联箱支架锈蚀、破损、部件缺失	注意	D 类	带电进行除锈防腐处理、更换或加装	接地箱、交叉互联箱支架应完好，无锈蚀、破损、部件缺失等情况	—
	异常				
	严重				
接地箱、交叉互联箱内部连接片锈蚀、缺失	注意	C 类	停电进行更换或加装	接地箱、交叉互联箱内部连接应完好，无锈蚀、缺失等情况	—
	异常				
	严重				
接地电缆、同轴电缆、护层直接接地箱的总接地电缆破损、缺失	注意	1）D 类。2）C 类	1）外皮、绝缘破损的进行带电修复。2）线芯受损或电缆缺失的，停电进行修复	接地电缆、同轴电缆、回流线应完好，连接良好	—
	异常				
	严重				
护层保护接地箱、交叉互联箱的总接地电缆、回流线破损、缺失	注意	C 类	修复或加装	护层保护接地箱、交叉互联箱的总接地电缆、回流线应完好，连接良好	—
	异常	—	—		
	严重	—	—		
交叉互联连接方式不正确	注意	—	—	确保交叉互联连接方式正确	—
	异常	—	—		
	严重	C 类	恢复正确的交叉互联连接方式		
电缆外护套、绝缘接头外护套、绝缘夹板对地直流耐压试验	注意	—	—	见附录 A	—
	异常	—	—		
	严重	C 类	查找故障点并修复		

续表

缺陷	状态	检修类别	检修内容	技术要求	备注
护层过电压限制器及其引线对地绝缘电阻不合格	注意	—	—	见附录A	—
	异常	—	—		
	严重	C类	更换不合格的护层过电压限制器，加强引线对地绝缘		
接地极接地电阻不合格	注意	—	—	见附录A	—
	异常	—	—		
	严重	C类	增设接地桩，必要时进行开挖检查修复		

（三）供油装置

（1）正常状态供油装置 C 类检修项目、检修内容及技术要求见表4-12。

（2）注意、异常、严重状态供油装置缺陷状态、检修类别、检修内容及技术要求见表4-13。

表4-12　　　　　　　正常状态供油装置C类检修

检修项目	检修内容	技术要求	备注
油压示警装置检查	1）检查油压示警系统信号装置，合上试验开关应能正确发出示警信号。 2）控制电缆线芯对地绝缘电阻测量	见附录A	—
压力箱检查	1）外观检查、压力表检查。 2）压力箱供油量检查。 3）压力箱内电缆油取样试验	见附录A	—

表4-13　　　　注意、异常、严重状态供油装置缺陷处理

缺陷	状态	检修类别	检修内容	技术要求	备注
油压示警装置异常	注意	—	修复更换	油压示警装置应正常，能正确发出示警信号	—
	异常	D类			
	严重	D类			

续表

缺陷	状态	检修类别	检修内容	技术要求	备注
油压异常	注意	D 类	加强观察，缩短巡视周期	应无明显变化	滤油、补油所使用的滤油设备应进行清洗，并取油样试验合格后方可使用，防止二次污染
	异常	C 类	1）加强观察，缩短巡视周期。2）查找渗漏点并补漏。3）补油至油压恢复正常。4）持续观察，确认是否继续渗漏	应对压力箱内电缆油、新电缆油进行取样试验，试验项目按附录A 中所列诊断项目进行，确保试验合格。补油后油压应恢复正常水平	
	严重				
电缆油取样试验不合格	注意	—	—	—	
	异常	—	—	—	
	严重	C 类	1）诊断性试验。2）滤油处理。3）诊断性试验	处理完毕后试验结果应合格	

（四）在线监测装置

（1）正常状态在线监测装置 C 类检修项目、检修内容及技术要求见表 4–14。

表 4–14　　　　　正常状态在线监测装置 C 类检修

检修项目	检修内容	技术要求	备注
在线监控平台	检查系统是否运行正常	系统运行正常	—
监控子站	检查子站屏、工控机、打印机等设备是否工作正常	子站屏、工控机、打印机等设备工作正常	—
环流监测装置	1）校验环流监测数据的准确性。2）检测设备与控制中心通讯是否正常	中心显示环流数据正常	—
在线局放监测装置	1）校验监测数据的准确性。2）检测设备与控制中心通讯是否正常	中心显示在线局放数据正常	—
在线测温装置	1）校验监测数据的准确性。2）检测设备与控制中心通讯是否正常	中心显示温度数据正常	—

检修项目	检修内容	技术要求	备注
通风设施	1）检查风机转动是否正常。 2）检查风机排风效果是否正常。 3）检查远程控制及就地控制可靠性。 4）检查风机各模式下传感器灵敏度是否正常	1）线路供电可靠、转速稳定、无异常噪声。 2）排风效果明显。 3）远程控制及就地控制可以自由切换。 4）自启动模式、巡视模式、火灾模式等多种模式均能按照规定要求正常工作	—
环境监测系统	1）检查各子系统（水位、温度、湿度、烟雾、有毒气体等）是否工作正常。 2）校验各监测表计的准确性	1）各子系统（水位、温度、湿度、烟雾、有毒气体等）应工作正常。 2）表计显示的读数在允许的误差范围之内	—
排水设施	1）检查水泵是否正常运转。 2）检查自启动模式是否正常	1）水泵排水效果理想。 2）水位监控传感器正常感应水位，电机自启动工作	—
照明设施	1）检查照明灯具是否正常。 2）检查远程控制及就地控制可靠性	1）灯具均能正常工作。 2）远程控制及就地控制可以自由切换	—
通信设施	1）检查有线通信设备和控制中心通信是否正常。 2）检查移动通信设备是否正常	1）隧道通信设备和中心通信联络正常。 2）移动手机信号正常	—
消防设施	1）检查消防器具的使用寿命。 2）检查消防设备的完整性。 3）检查火灾报警系统是否正常工作	1）消防器具均应在使用寿命内。 2）消防设备无遗失	—
井盖控制系统	1）检查井盖控制系统是否工作正常。 2）检查远程控制和就地控制可靠性。 3）检查入侵报警系统是否工作正常	1）井盖控制系统应工作正常。 2）远程控制模式和就地控制模式可以自由切换。 3）入侵报警系统应工作正常	门禁系统参照执行
视频监控系统	检查视频监控是否工作正常	视频监控应工作正常	—
隧道应力应变监测装置	检查隧道应力应变监测装置是否工作正常	隧道应力应变监测装置应工作正常	—

（2）注意、异常、严重状态在线监测装置缺陷状态、检修类别、检修内容及技术要求见表4-15。

表4-15 注意、异常、严重状态在线监测装置缺陷处理

缺陷	状态	检修类别	检修内容	技术要求	备注
在线监控平台	注意	D类	修复或升级改造	系统运行正常	—
	异常				
	严重				
监控子站	注意	D类	修复或更换	监控子站运行正常	—
	异常				
	严重				
环流监测装置工作异常	注意	D类	修复或更换	中心显示环流数据正常	—
	异常				
	严重				
在线局放监测装置工作异常	注意	D类	修复或更换	中心显示在线局放数据正常	—
	异常				
	严重				
在线测温装置工作异常	注意	D类	1）修复。2）内置式光纤损坏，则加装外置式测温装置	中心显示测温数据正常	—
	异常				
	严重				
通风设备异常	注意	C类	1）涂抹防滑剂。2）更换气体、温度传感器。3）更换控制回路损坏部件	通风设备工作正常	—
	异常				
	严重				
环境监测设施异常	注意	C类	1）更换表计。2）更换气体检测传感器。3）修复数据通信线	环境监测设备工作正常	—
	异常				
	严重				
排水设施异常	注意	C类	1）更换水泵。2）更换水位监测传感器	排水设施工作正常	—
	异常				
	严重				

续表

缺陷	状态	检修类别	检修内容	技术要求	备注
通信设施异常	注意	D 类	1）更换线路受损部分。 2）更换无线信号发射器	通信设施工作正常	—
	异常				
	严重				
消防设施异常	注意	D 类	1）更换使用寿命到年限的部件。 2）补充遗失的消防设施	消防设施工作正常	—
	异常				
	严重				
井盖控制系统异常	注意	D 类	修复	井盖控制系统工作正常	—
	异常				
	严重				
视频监控系统异常	注意	D 类	修复	视频监控系统工作正常	—
	异常				
	严重				
隧道应力应变监测装置异常	注意	D 类	修复	隧道应力应变监测装置工作正常	—
	异常				
	严重				

试验项目	基准周期	试验方法和技术要求	说明
接地系统测试	1）基准周期：3 年。 2）必要时	1）电缆外护套、绝缘接头外护套、绝缘夹板对地直流耐压试验。 试验方法：先将电缆护层过电压保护器断开，在互联箱中将另一侧的所有电缆金属套都接地，然后在每段电缆金属屏蔽或金属护层与地之间加 5kV 直流电压，加压时间为 60s，不应击穿。 2）护层过电压保护器测试。护层过电压保护器的直流参考电压应符合设备技术要求；用 1000V 兆欧表测量护层过电压保护器及其引线对地的绝缘电阻，不应低于 10MΩ。 3）测量接地装置接地电阻，不应大于 10Ω	—

五、相应的缺陷和典型照片库

（一）电缆本体相关缺陷

电缆外护套破损详见图4-1，电缆外屏蔽层受损详见图4-2。

图4-1　电缆外护套破损

图4-2　电缆外屏蔽层受损

（二）电缆避雷器相关缺陷

电缆避雷器连接线外皮破损详见图4-3，避雷器底座螺栓未紧详见图4-4，引线被盗或断线详见图4-5。

图4-3　电缆避雷器连接线外皮破损

图4-4　避雷器底座螺栓未紧

图4-5　引线被盗或断线

（三）电缆中间接头相关缺陷

环氧外壳密封失效密封胶外溢详见图 4−6，接头浸水详见图 4−7，桥架处未设置防火措施详见图 4−8。

图 4−6　环氧外壳密封失效密封胶外溢

| 图 4−7　接头浸水 | 图 4−8　桥架处未设置防火措施 |

（四）电缆终端相关缺陷

导体连接棒发热详见图 4−9，尾管渗漏油详见图 4−10，电缆终端出线线夹滑丝详见图 4−11，电缆终端接地连接面氧化（高阻）详见图 4−12，电缆终端塔上方横担有异物详见图 4−13，尾管铅封开裂详见图 4−14。

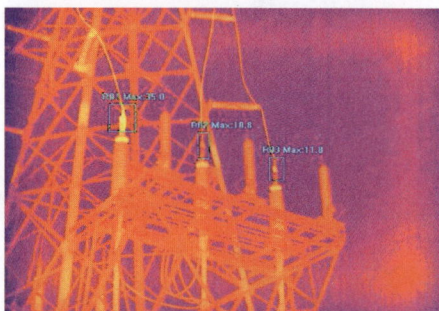

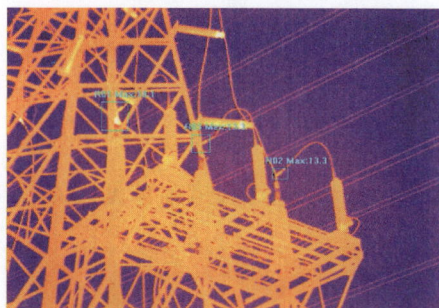

图 4-9　导体连接棒发热

图 4-10　尾管渗漏油

图 4-11　电缆终端出线线夹滑丝

图 4-12　电缆终端接地连接面
氧化（高阻）

图 4-13 电缆终端塔上方横担有异物

图 4-14 尾管铅封开裂

（五）回流线相关缺陷

回流线缺失详见图 4-15。

图 4-15 回流线缺失

（六）接地箱相关缺陷

基础下沉详见图 4-16，保护器击穿详见图 4-17，保护器严重烧蚀详见图 4-18，接地箱锈蚀、浸水详见图 4-19，交叉互联系统异常详见图 4-20。

图 4-16 基础下沉

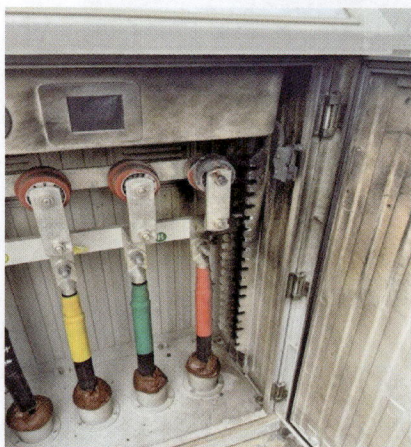

图 4-17 保护器击穿

图 4-18 保护器严重烧蚀

图 4-19　接地箱锈蚀、浸水

图 4-20　交叉互联系统异常

（七）附属设施相关缺陷

通道牌破损详见图 4-21，工井盖板破损详见图 4-22。

图 4-21　通道牌破损

图 4-22　工井盖板破损

第五章

典 型 案 例

第一节 终端漏油案例

一、异常分类：电缆终端漏油

二、过程描述

2019 年 7 月 30 日上午，电缆巡视人员在对 110kV××线电 1 电缆终端塔 B 相搪铅消缺的过程中发现 A 相和 B 相电缆终端尾管处均有封铅锈蚀，和漏油现象，属于危急缺陷，需要立即进行消缺处理。如图 5-1 和图 5-2 所示。

图 5-1 电 1 电缆终端塔 A 相尾管漏油

图 5-2　电 1 电缆终端塔 B 相尾管锈蚀

三、原因分析

9 月 10 日下午，对 A 相电缆终端进行切除解体，于电缆尾管处发现绝缘击穿点，同时在电缆尾管封铅处发现氧化情况。具体照片如图 5-3～图 5-5 所示。

图 5-3　故障击穿通道

图 5-4　故障击穿通道

图 5-5　电缆氧化铅封情况

通过对故障段电缆击穿位置、解剖现象分析，一整圈烧蚀性痕迹并不是缆芯固有的，而是周期性放电产生的电痕，放电引起多种形式的物理效应和化学反应，伴随发热等，导致电缆主绝缘劣化直至击穿。推测产生周期性放电的原因为铝护套接地不良，铅焊处接触电阻较大等原因造成。

四、处理方法

1. 9 月 10 日

（1）拆卸故障电缆终端、回抽旧电缆 32m；

（2）终端塔下 A 相电缆通道土建部分完成，满足安放一个直通接头的位置；

（3）终端塔处脚手架已搭设安装完毕，具备开展电缆终端施工条件；

（4）完成新电缆敷设。

2. 9 月 11 日

（1）长沙电工发货的电缆附件及工器具已到位；

（2）电缆直通头搪铅已完成，预计今晚可完成电缆直通头全部工作；

（3）新电缆终端因天气原因只进行了加热矫直；

（4）长石变侧电缆保护接地箱护层保护器经试验合格；

（5）电缆外护套绝缘试验合格，绝缘电阻大于 1000MΩ。

3.9 月 12 日

（1）完成终端塔下直通头注油、密封等收尾工作；

（2）完成终端头制作工作；

（3）完成解线路 PT 大 N 端计划新电缆终端因天气原因只进行了加热矫直；

（4）经协调后完成电缆线芯绝缘试验；

（5）进行中间接头工作井充砂。

五、防范措施

为防止类似故障再次发生，在今后运行管理中，需要采取以下措施。

（1）加强电缆施工，特别是附件安装施工监督工作，发现施工缺陷或未安装工艺要求，立即停工，采取切实可行的方案并经论证通过后方可施工。

（2）加强电缆线路的带电检测，尤其是接地环流检测、局部放电检测试验。实践证明，局部放电检测是及时发现电缆内部缺陷较为有效地手段之一。

（3）结合电缆停电检修，对终端尾部密封连接处打开检查，如出现腐蚀现象，重新进行搪铅密封处理。

第二节　接头封铅异常案例

一、异常分类：中间接头系统异常

二、过程描述

2019 年 3 月 1 日，班组人员对××线进行环流测试过程中，发现 2#

交叉接地箱 AC 相环流为 0A，CB 相环流为 0A，接地箱环流存在明显异常。

根据图 5-6 可知，在正常运行情况下，0#-1#、1#-2#、2#-3#的三相电缆金属护套分别成交叉连接方式，从而使得位于两个接地点之间的电位差几乎等于零，金属护套上流过环流达到最小值。

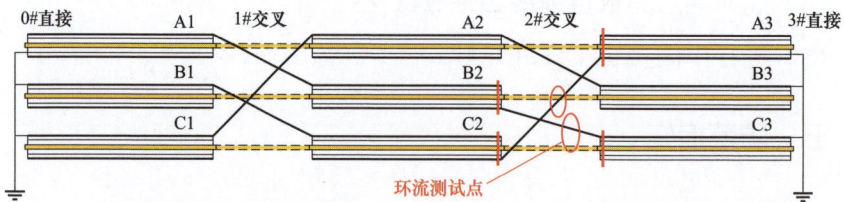

图 5-6　某金属护套交叉互联（0#-3#）接线示意图

本次测试发现 2#（AC 相环流为 0，CB 相环流为 0），可能的原因是测试点（如图 5-6 所示）两侧存在断开点，从而致使原 0#-3#金属护套两端接地方式变为 0#直接-断开点、断开点-3#直接的单端接地方式，断开点附近电气情况类似于接保护器接地，有对地感应电压，但接地环流为零。怀疑该井内 B 相或 C 相接头可能存在脱铅情况（2#井内 A 相 2017 年故障更换，脱铅可能性不大）。若长时间不处理，封铅断裂两端产生电位差在长时间运行后可能导致该部位绝缘损伤，进而引发击穿故障。

三、原因分析

（1）2#交叉 AC、CB 接地环流为零，怀疑该井内 B、C 两相接头有较大可能性存在脱铅或虚焊情况。经现场停电检查，B、C 两相接头往 3#井侧封铅存在虚焊情况，与分析结果一致。

（2）鉴于××线 2#井内 A 相接头曾与 2017 年故障击穿，故障原因与接头封铅开裂直接有关，且同通道同位置××线 2#井也存在环流异常情况，存在共性问题，因此可以排除施工质量造成封铅不良原因。判断封铅开裂较大可能是 2#接头兴南变侧顶管土质变化产生位移导致。

四、处理方法

4月2日，9:16，调度许可××线环流异常缺陷处理工作开始，电缆运检部门根据计划安排先对全线金属护套导通电阻进行检测，除 2#交叉至 3#交叉段直流电阻偏大外，其他电缆段金属护套直流电阻值均处于正常范围，与环流测试结果相符。后续对××线 2#交叉互联接头实施检查，该井内 B、C 相接头含防水外壳，一旦打开封铅部位较难恢复，无法保证恢复后防水性能，采取铅包两头（电缆本体、接地引出线）开天窗连接铜并线方式补强，对 A 相两只接头则进行封铅工艺重新补强加固处理，见图 5-7 和图 5-8。

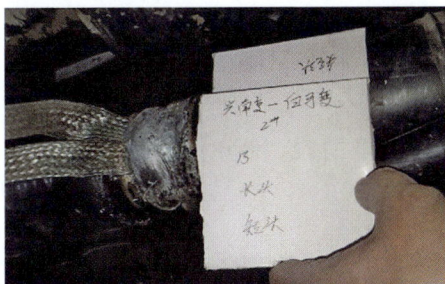

图 5-7　缺陷处理现场照片　　　　图 5-8　缺陷处理现场照片

电缆运检部门对 A、B、C 三相封铅采用"封铅固连+铜编织带柔连"的"软硬结合"封铅工艺重新补强后外护套金属性导通试验合格。4月3日 14:44，汇报调度××线检修工作结束，线路可以复役。

五、防范措施

（1）进一步重视环流带电检测手段有效性，加强并规范带电检测管理，严格按照相关检测规程扎实开展接地环流、红外测温等带电检测工作，落实"应修必修、修必修好"的设备检修原则。

（2）加强通道运行管理，加强对滨江区域的电缆通道巡视力度，及时发现沉降隐患，并采取相应整治措施。开展易发沉降区域的老旧通道排查，及时消除通道隐患，保障通道内电缆线路运行安全。

第三节 终端进水消缺案例

一、异常分类：终端进水消缺

二、过程描述

9 月 17 日，电缆运检部门在对××线电 1 终端开展回路电阻试验时发现 B 相终端尾管试验数据异常，于是决定打开尾管进行检查，在剥离尾管热缩套过程中发现热缩管内存在积水，并对 A、C 两相终端及对侧××线三相终端进行检查，经拆除检查后发现××线电 1 终端及××线电 1 终端均存在不同程度的积水缺陷情况，部分尾管铅封存在锈蚀情况，见图 5-9 和图 5-10。

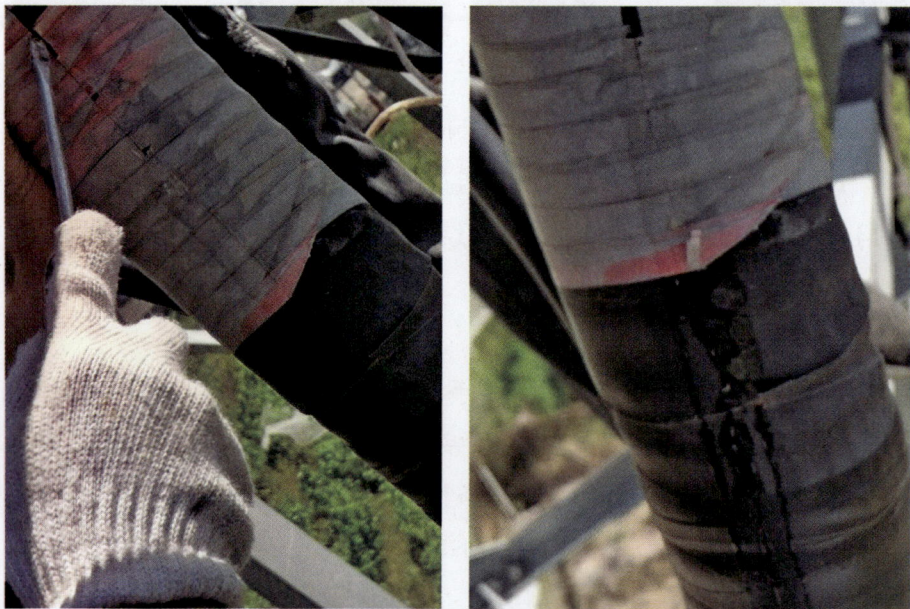

图 5-9 ××线电 1 电缆终端尾管进水

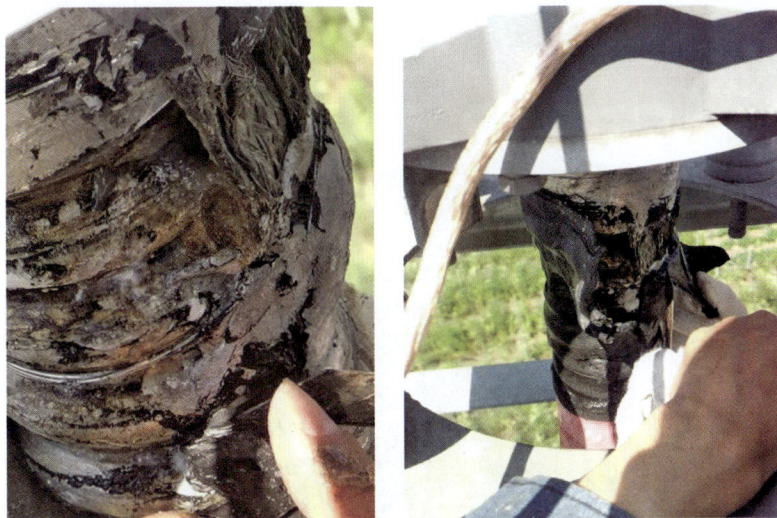

图 5-10 ××线电 1 电缆终端 B 相尾管铅封锈蚀

三、原因分析

9 月 22 日，电缆运检部门对×线、××线电 1 终端塔尾管内部积水缺陷进行专项组织分析讨论，具体分析如下。

（1）热缩套非标准件，断口有切割痕迹，见图 5-11 和图 5-12。

图 5-11 热缩管存在切割痕迹

（2）热缩套两端未见阻水带绕包及 PVC 带加固。

图 5-12　未做防水带绕包

（3）热缩套内部仅单端有密封胶，且密封不严，见图 5-13。

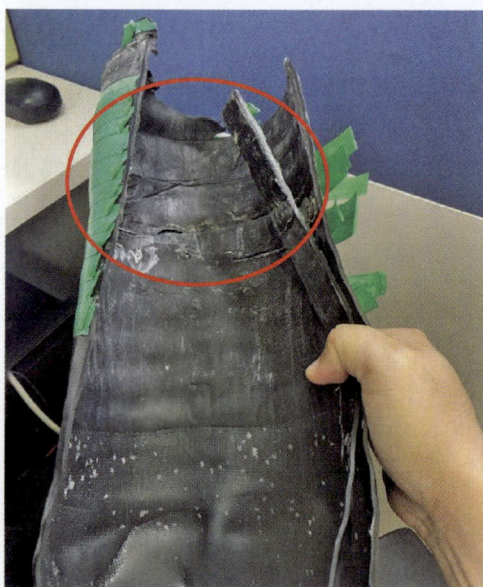

图 5-13　仅单侧有防水胶

（4）部分热缩套安装方向反向，见图 5-14。

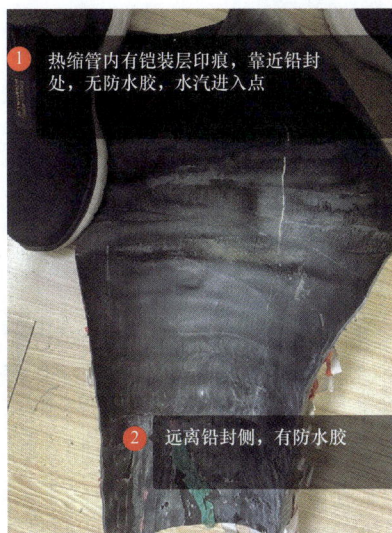

图 5-14　安装反向

综上，分析原因如下：

原因一：施工工艺不良，尾管热缩管两端外部未缠绕防水带，热缩管内密封胶未起到密封作用。

原因二：产品工艺缺陷，热缩管内部未采取全段灌密封胶。

经过现场反馈情况及后续分析，造成终端积水的主要原因为施工工艺不良，次要原因为产品工艺缺陷。

四、处理方法

9 月 18—19 日，电缆运检部门开展 110kV×线、××线电 1 终端塔终端尾管积水消缺工作，对 2 回线路 6 相终端尾管进行拆封，并对表面进行清洁、干燥处理，重新对尾管进行全铅封，并在热缩管上下口使用防水带进行绕包，见图 5-15～图 5-18。

图 5-15 终端重新铅封

图 5-16 回路电阻检测数据合格

图 5-17 铠装层重新绕包

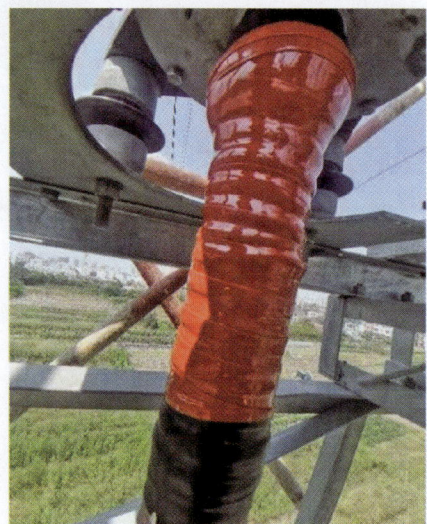

图 5-18 尾管重新安装完毕

五、防范措施

（1）开展同类型缺陷跟踪工作，9 月 26 日前完成同一施工单安装的电缆终端排查；

（2）落实同类型终端特巡排查，安排无人机精细化检查，视检查结果严格落实整改工作；

（3）深化应用回路电阻检测技术，加强电缆接地系统检查。

第四节 避雷器引线断裂消缺案例

一、异常分类：避雷器引线断裂消缺

二、过程描述

2023 年 2 月 27 日，电缆巡视人员在周期性巡视过程中，发现××线电 15 电缆终端 B 相避雷器引流线脱落，通过望远镜观察后确认为避雷器引流板铜铝连接部位焊线断裂。根据 DL/T 1253—2013《电力电缆线路运行规程》及公司《关于明确输电线路避雷器运维和试验要求的联系单》要求，确定为紧急缺陷，见图 5–19。

图 5–19 ××线电 15 电缆终端 B 相避雷器引流线脱落

三、原因分析

2月28日，电缆运检部门对××线电15避雷器引流板进行检查，后续又组织对此次缺陷发生原因进行专项讨论分析，具体分析如下。

经外观检查与台账核对，断裂引流板为老式对接型摩擦焊铜铝引流板，此引流板长时间运行后因气温、环境影响导致焊接点开断，直接导致避雷器引流线脱落。

经分析讨论，此类引流板采取的摩擦焊接方式存在明显设计缺陷，其纵向对接的焊接形式但凡在长期运行过程中出现薄弱点，极易导致引流板整根断裂，造成引流线断线。故现行电缆终端避雷器设计中，其已被钎焊型铜铝引流板完全取代，钎焊型避雷器引流板在原有铝制引流板的基础上垂直搭接面以钎焊形式加装铜铝过渡片，保证了引流板的结构可靠性同时满足了铜铝对接的过渡要求，见图5-20和图5-21。

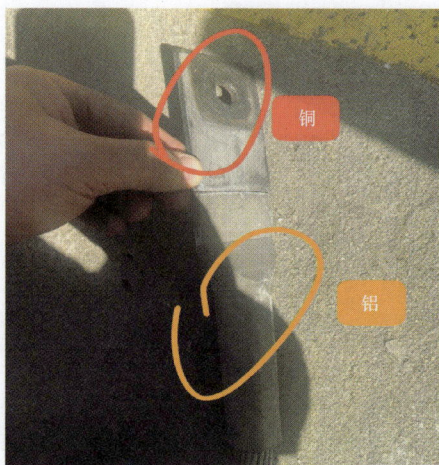

图5-20　断裂避雷器引流板外观

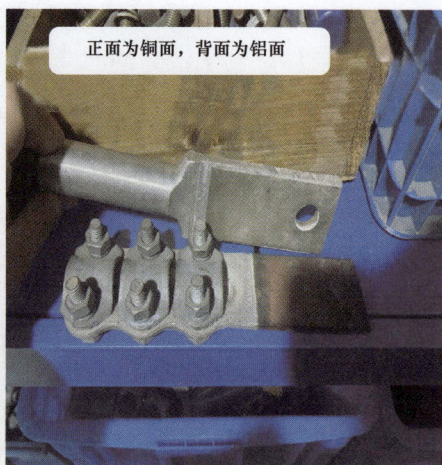

图5-21　钎焊型铜铝引流板（上）与摩擦焊铜铝引流板（下）外观对比

四、处理方法

12:15××线两侧改为检修状态，电缆运检部门开始对××线电 15 终端塔避雷器接线消缺工作。经登塔检查，工作人员发现其余两相避雷器引流板与 B 相型号相同，同样存在断裂隐患，故决定对三相避雷器引流板进行更换。因需对原引流板进行拆除、对新引流板进行压接，原避雷器引流线长度不满足工艺要求，故对三相避雷器引流线进行同步更换，见图 5－22。

图 5－22　更换三相避雷器引流板

五、防范措施

（1）结合日常巡视计划对电缆终端避雷器引流板及电缆终端引流板型号进行统计排查，将涉及摩擦焊铜铝引流板的电缆终端列入重点清单，进行加强巡视。

（2）结合停电对重点清单中的电缆终端摩擦焊铜铝引流板进行更换。

第五节　避雷器发热消缺案例

一、异常分类：避雷器异常发热

二、过程描述

2019 年 12 月 19 日，电缆巡视人员在进行周期性带电检测工作时，发现××塔电缆终端避雷器 B 相发热。12 月 20 日巡视人员对该电缆终端避雷器进行红外测温复测，确定其 B 相避雷器发热。A 相避雷器温度 4.8℃，B 相避雷器温度 12.0℃，C 相避雷器温度 5.0℃；A 相避雷器泄漏电流：3mA，B 相避雷器泄漏电流：7mA，C 相避雷器泄漏电流：3mA。

避雷器相间最大温差为 7℃，B 相上下节温差 4.3℃。根据 DL/T 664—2016《带电设备红外诊断应用规范》及公司《关于明确输电线路避雷器运维和试验要求的联系单》要求，确定为紧急缺陷，见图 5—23。

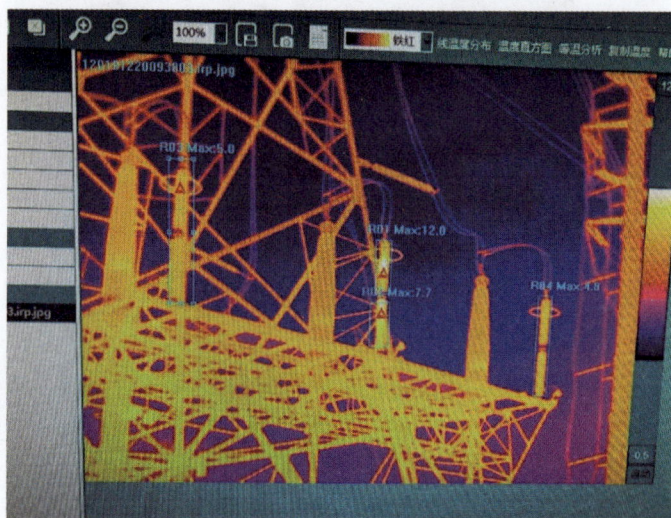

图 5—23　12 月 20 日红外测温图片

三、原因分析

12月23日，公司运检部组织对××线三相共6节避雷器进行试验及B相避雷器进行解体和检查，后续又组织对此次故障原因进行专项讨论分析，具体分析如下。

1. 试验解剖分析过程

（1）外观检查。

1）××线三相避雷器共6节，其中5节外观完好。

2）B相上节避雷器的上法兰位置，与密封胶固化面存在约7mm左右的位移，露出部分痕迹较新（更换避雷器过程中，新避雷器接线柱与引线线夹不配套，拆除了原避雷器顶端接线柱重复利用，怀疑在拆除过程中将上法兰部分拧出），见图5-24和图5-25。

图5-24 三相避雷器整体外观

实际法兰位置
7mm位移
密封胶固化面

图5-25 B相上节避雷器法兰与密封胶固化面存在位移

（2）试验结果分析。

对6节避雷器进行了直流1mA参考电压和泄漏电流试验，试验结果如表5-1所示。

表 5-1   避 雷 器 试 验 结 果 表

试品及编号	直流 1mA 参考电压（kV）	0.75 倍参考电压下泄漏电流（μA）
A 相上节 YL180313937	168.3	8.6
A 相下节 YL180313937	168.3	5.8
B 相上节 YL180313944	升压至 25，直流高压发生器过流保护	—
B 相下节 YL180313944	171.6	5.5
C 相上节 YL180313940	166.8	4.8
C 相下节 YL180313940	167.4	4.7

除 B 相上节外，其余 5 节避雷器试验数据均合格，与红外测温发热部位结果吻合。对 B 相上节再进行了绝缘电阻测试，实测值 36.5MΩ，远远低于标准规定的 2500MΩ，见图 5-26。

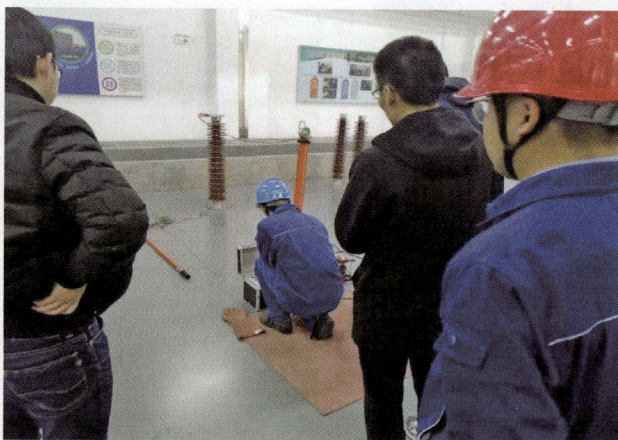

图 5-26　12 月 23 日避雷器试验现场图片

（3）B 相上节避雷器解体分析。

1）解剖前，该相上法兰已存在明显的密封胶固化面位移，距离约 7mm 左右，但位移痕迹较新，与底部伞裙存在明显色差。上法兰明显松动，可靠单人手拧转动，内外螺纹均完整无损伤。法兰内部上端无密封圈，环氧筒与外部密封依靠螺纹、玻璃胶，法兰拆除过程中玻璃胶已脆化为固体颗粒，见图 5-27 和图 5-28。

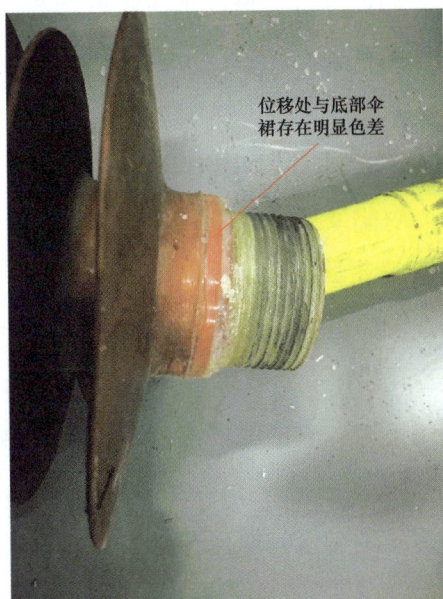

图 5-27　顶部 7mm 位移痕迹较新

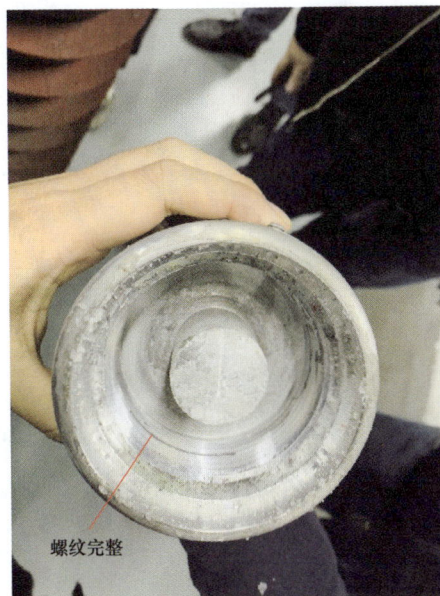

图 5-28　上法兰内螺纹完整无损伤

2）取出顶部压紧用弹簧。簧片上及铜导电带上，均存在明显受潮氧化锈蚀现象，见图 5-29。

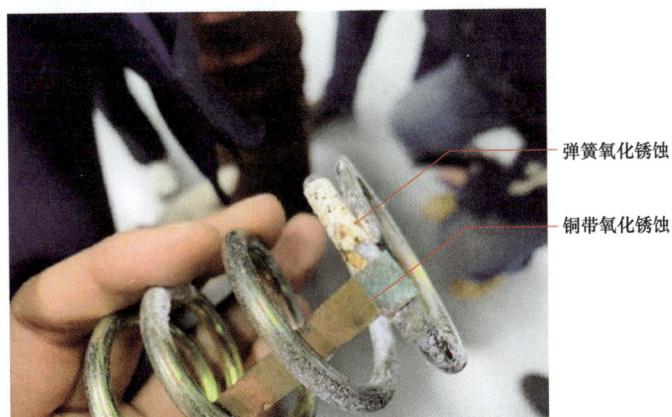

图 5-29　簧片上及铜导电带氧化锈蚀

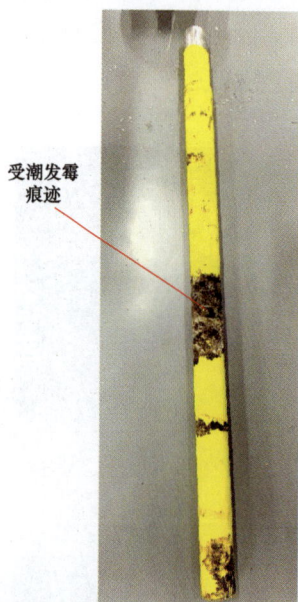

受潮发霉痕迹

图 5-30　避雷器芯体表面拉弧放电痕迹

3）从上端倒出避雷器芯体。芯体由氧化物电阻阀片与外包裹热缩套组成，热缩套外可见明显发霉痕迹，水渍较重。其中中部发霉痕迹较长，与红外测温位置吻合，见图 5-30。

2. 缺陷产生过程及原因分析

（1）缺陷发展过程。

B 相避雷器上节上法兰处密封失效，潮气侵入避雷器内部。在潮气侵入达到一定程度后，芯体表面吸附水分，绝缘下降，运行电压下芯体表面泄漏电流增大，发热明显。同时，因上节避雷器绝缘电阻降低，下节避雷器承受运行电压升高，下节避雷器发热增加。

（2）原因分析。

1）从芯体外壁发霉情况看，避雷器内部进潮时间较长，上法兰密封失效已久。密封胶固化面与最终上法兰的 7mm 位移痕迹较新，与下部硅橡胶存在明显色差，应为本次更换拆卸该相避雷器，轴向用力拉大引起，该位移应非密封失效直接原因。

上法兰打开后，内外螺纹均完好，可排除螺纹滑丝或其他原材料质量问题导致松动的可能性。

上法兰与环氧筒之间密封由玻璃胶提供，怀疑上法兰与环氧筒间存在旋转位移，导致玻璃胶密封失效。

2）密封失效可能原因。

原因一：避雷器在装配中个别可能存在密封胶涂抹不均匀的情况，影响紧固强度，运行过程中由于环境因素使得密封胶错位受潮。

原因二：避雷器在运输中发生激烈碰撞，瞬间受力超过标准的规定值，造成法兰发生少量松动。此少量松动导致密封胶面错位，产生微小吸潮通道。

原因三：避雷器接线端子安装过程中用力过猛，导致法兰发生松动。

原因四：避雷器上法兰密封设计依靠一道玻璃胶密封，上法兰与绝缘筒材料不同，温度变化造成的收缩量不同，当玻璃胶老化后，运行中可能出现密封轻微脱开情形，导致密封失效。

四、处理方法

10:45 申请××线改线路检修，13:10××线两侧改为检修状态，电缆室开始 1#终端塔三相避雷器更换工作，新避雷器型号 YH10WX5-200/520，厂家为某电气有限公司，17:06 消缺工作结束，见图 5-31 和图 5-32。

图 5-31　旧避雷器拆除　　　　图 5-32　三相避雷器更换完毕

五、防范措施

（1）目前在运同厂家避雷器共 6 相（同批次、同型号），分别为××线对接终端避雷器、终端避雷器，目前已完成同厂家避雷器的泄漏电流特巡、红外精测，未发现异常。

（2）结合停电更换××线对接终端避雷器、××终端 6 只避雷器，更换前严格按周期开展巡视、检测工作。

第六节 接地系统直流电阻异常消缺报告案例

一、异常分类：接地系统直流电阻异常缺陷

二、过程描述

2023 年 4 月 26 日，电缆检修人员在××线、××线电缆 C 检及全线地下接地箱下改上过程中（基本工作内容见图 5-33），发现××线 4#-5#电缆段（5#为直通接头）C 相电缆、7#-8#电缆段（8#为直通接头）B 相电缆接地系统回路电阻异常，判定电缆接地系统存在缺陷，见图 5-33 和图 5-34。

图 5-33 原接头井内部情况（地下箱）　　图 5-34 接地箱改上后情况

三、原因分析

5 月 4 日，电缆运检部门对××线接地系统直流电阻异常缺陷进行专项组织分析讨论，因未对接头进行解剖，其原因推测分析如下：

原因一：××线投运年限已达 15 年，于长期运行过程中受通道沉降、电腐蚀氧化等因素影响，电缆中间接头铅封产生氧化脱铅致使电缆本体金属护层与电缆接头铜壳连接不良，连接点接触电阻升高。

原因二：××线投运年限已达 15 年，接头内部材料老化，长时间运行导致其接地端子压接点锈化、腐蚀、松脱，引发连接点接触电阻升高。

四、处理方法

4 月 27 日，考虑附件防水，××线、××线全线接头加装防水船壳（见图 5-35），开启后将导致船壳失效，不具备从接头处开展试验检测条件，因此宁波公司电缆中心采用在设备表面"开窗"的方式对××线回路电阻异常段接头接地导通性、电缆段铝护层、接地电缆共 3 处关键部位逐一开展直流电阻检测（见图 5-36 和图 5-37），排查后对破开点进行修复，加强防水措施，经排查后确认接地缆对接部位、接地箱内部连接点直流电阻均无异常。

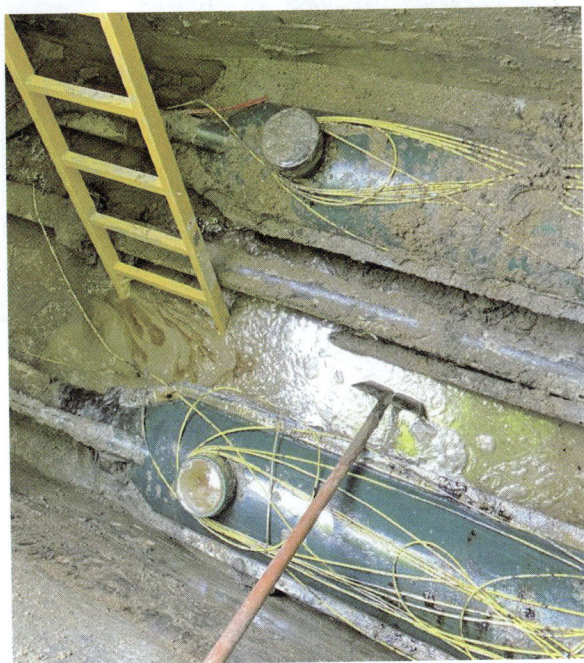

图 5-35 接头已安装防水船壳，无法开启

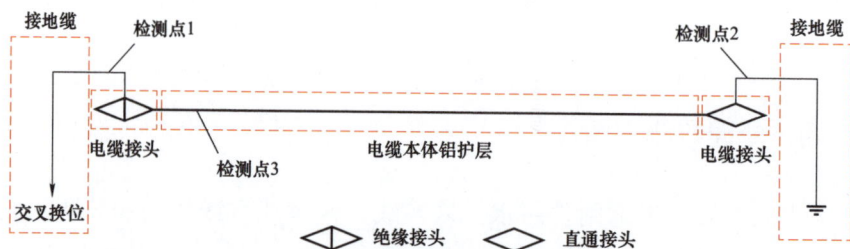

图 5-36 排查检测点及接地系统图

图 5-37 排查检测点及接地系统图

经研判,缺陷发生部位为电缆中间接头铅封及接地端子,检修人员随即采用电缆外护套开窗的方法对异常段电缆所涉 5 个接头(6 个铅封及接地端子组合)进行直流电阻排查(见图 5-38 和图 5-39),最终将故障点锁定为 4#接头井 C 相绝缘接头大号侧及 7#接头井 B 相绝缘接头大号侧(见图 5-40)。

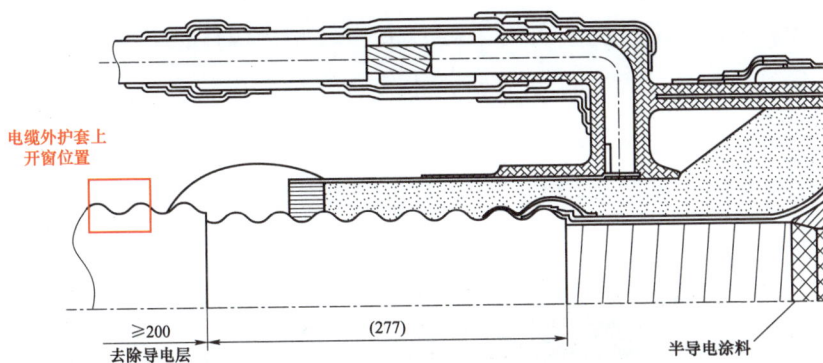

图 5-38　电缆外护套上开窗位置示意图

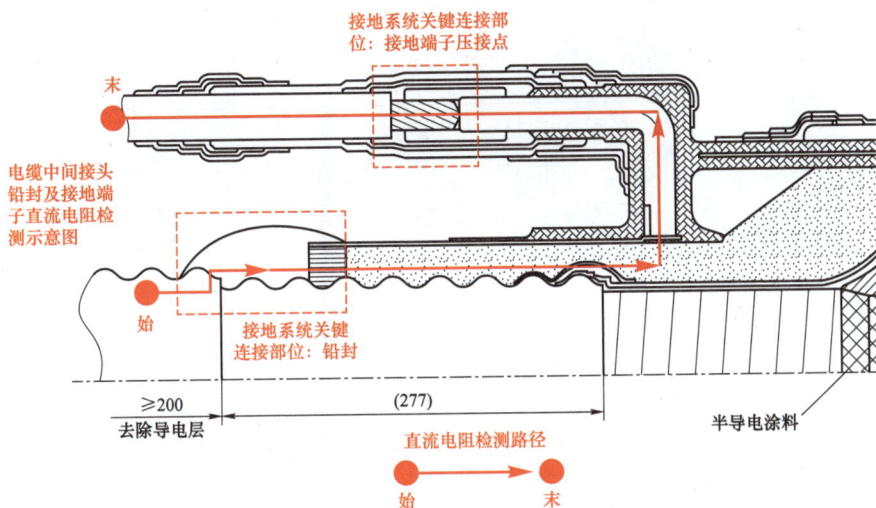

图 5-39　铅封及接地端子组合直流电阻检测示意图

(a) 4#大号侧故障点直流电阻检测结果　　　(b) 7#大号侧故障点直流电阻检测结果

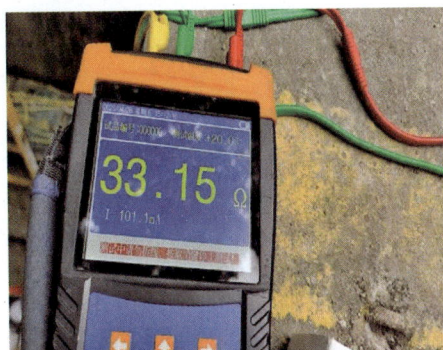

图 5-40　故障点直流电阻检测结果

　　根据检查结果，检修人员对 4#接头井 C 相绝缘接头大号侧及 7#接头井 B 相绝缘接头大号侧铅封邻近点电缆金属护层进行旁通接地，以此代替原有异常接地通路，确保整个接地系统完整可靠（见图 5-41），经回路电阻检测合格（见图 5-42），于检修周期内顺利完成消缺工作。

(a) 检修人员进行旁通接地施工

(b) 旁通施工完工后情况

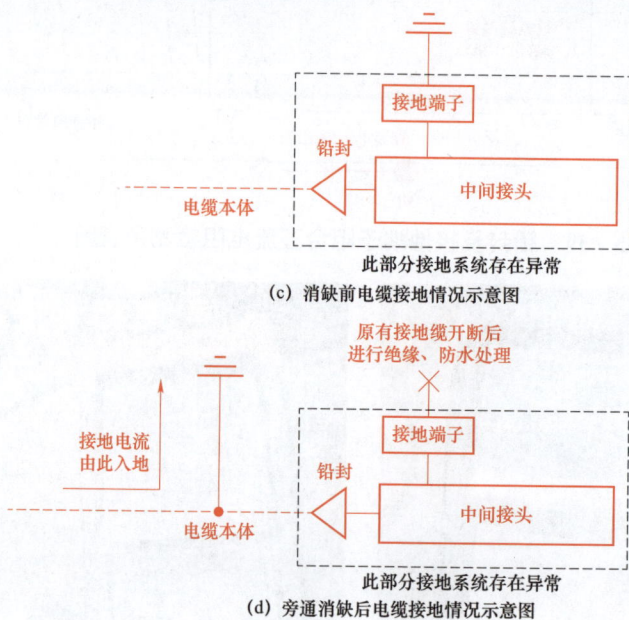

(c) 消缺前电缆接地情况示意图

(d) 旁通消缺后电缆接地情况示意图

图 5-41　消缺情况

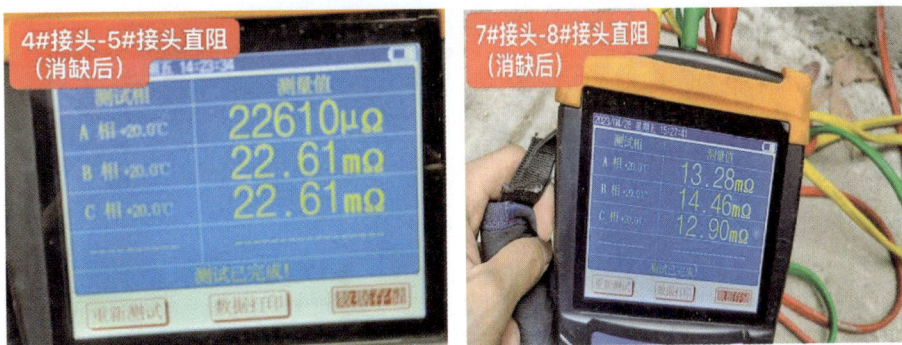

(a) 4#大号侧故障点消缺后直流电阻检测结果　　(b) 7#大号侧故障点消缺后直流电阻检测结果

图 5-42　故障点消缺后直流电阻检测结果

五、防范措施

针对老旧电缆进一步加强通道巡视、带电检测力度，并继续开展接地箱下改上工作，持续推广、深化直流电阻检测等检测手段，确保缺陷及时发现、及时消除，检测异常经临时措施消缺的设备及时列入反措计划，通过大修技改项目逐步整改，保障电网设备稳定运行。

针对待投产电缆进一步加强电缆施工旁站监督工作，对附件安装制作过程中封铅、屏蔽层处理、导线压接等工艺要求较高的核心要点环节更要严格把握，同时针对电缆接头防水过程中带材绕包、密封胶填灌等工艺进行严格监督，发现施工缺陷或未按照工艺要求施工，应立即停工，采取切实可行的方案并经论证通过后方可继续施工。

附录 A（规范性附录） 电缆试验项目标准

电缆试验项目标准见表 A.1。

表 A.1 电 缆 试 验 项 目 标 准

试验项目	基准周期	试验方法和技术要求	说明
电缆金属护层接地电流带电测试（适用时）	必要时	接地电流≤100A，接地电流/负荷＜20%，单相接地电流最大值/最小值比值小于 3 且不应有明显变化	运行巡视基准周期：330kV 级以上：1 月；220kV：3 月；110（66）kV：6 月
红外热像检测	必要时	1）用红外热像仪检测避雷器本体及电气连接部位，红外热像图显示应无异常温升、温差和/或相对温差。 2）用红外热像检测电缆本体、电缆终端、电缆接头、电缆分支处及接地线（如可测），红外热像图显示无异常温升、温差和/或相对温差	运行巡视基准周期：330kV 级以上：1 月；220kV：3 月；110kV 及以下：6 月
避雷器运行中持续电流检测	必要时	1）宜在每年雷雨季节前进行本项目。 2）通过与同组间其他避雷器的测量结果相比较做出判断，彼此应无显著差异	运行巡视基准周期：1 年
电缆局部放电带电检测	新换电缆、新做电缆终端电缆接头和必要时	应无明显的局部放电。局部放电检测应在相同的环境下多次检测比对，对疑似局部放电点应跟踪检测	
充油电缆油压示警系统	必要时	合上试验开关，应能正确发出示警信号	运行巡视基准周期：6 月
相位核对	1）基准周期：3 年。 2）必要时	与电网相位一致	10、20kV 电缆线路为诊断性试验
主绝缘绝缘电阻测量	1）基准周期：35kV 及以上：3 年；10、20kV：特别重要电缆线路 6 年，重要电缆线路 10 年，一般电缆线路必要时。 2）必要时	与初值比无显著变化	用 5000V 兆欧表测量

续表

试验项目	基准周期	试验方法和技术要求	说明
外护套及内衬层绝缘电阻测	1）基准周期：35kV 及以上：3 年。 2）必要时	采用 1000V 兆欧表测量。当外护套或内衬层的绝缘电阻低于 0.5MΩ·km 时，应判断其是否已破损进水，方法是用万用表测量绝缘电阻，然后调换表笔重复测量，如果调换前后的绝缘电阻差异明显，可初步判断已破损进水。对于 110kV 及以上电缆，仅测量外护套绝缘电阻	1）用 1000V 兆欧表测量。 2）10、20kV 电缆线路为诊断性试验
接地系统测试	1）基准周期：3 年。 2）必要时	1）电缆外护套、绝缘接头外护套、绝缘夹板对地直流耐压试验。试验方法：先将电缆护层过电压保护器断开，在互联箱中将另一侧的所有电缆金属套都接地，然后在每段电缆金属屏蔽或金属护层与地之间加 5kV 直流电压，加压时间为 60s，不应击穿。 2）护层过电压保护器测试。护层过电压保护器的直流参考电压应符合设备技术要求；用 1000V 兆欧表测量护层过电压保护器及其引线对地的绝缘电阻，不应低于 10MΩ。 3）测量接地装置接地电阻，不应大于 10Ω	
充油电缆供油系统	1）基准周期：3 年。 2）必要时	1）测量控制电缆线芯对地绝缘电阻，采用 250V 兆欧表，绝缘电阻（MΩ）与被测长度（km）的乘积值不小于 1。 2）压力箱的供油量不应小于供油特性曲线所代表的标称供油量的 90%。 3）电缆油击穿电压：≥50kV，测量方法参考 GB/T 507。 4）电缆油介质损耗因数：<0.005，在油温 100℃±1℃和场强 1MV/m 时，测量方法参考 GB/T 5654	
避雷器直流 1mA 电压（U_{1mA}）及在 $0.75U_{1mA}$ 下漏电流测量	基准周期：3 年（无持续电流检测）。6 年（有持续电流检测）	1）U_{1mA} 初值差不超过 5%，且不低于 GB 11032 规定值（注意值），$0.75U_{1mA}$ 漏电流初值差≤30%或≤50μA（注意值）。 2）对于单相多节串联结构，应逐节进行。 3）有下列情形之一的金属氧化物避雷器，应进行本项试验： a）红外热像检测时，温度同比异常； b）运行电压下持续电流偏大； c）有电阻片老化或者内部受潮的缺陷，尚未消除隐患	

续表

试验项目	基准周期	试验方法和技术要求	说明
避雷器底座绝缘电阻测量		≥100MΩ	用 2500V 兆欧表测量
避雷器放电计数器功能检查	基准周期：3 年	功能应正常，检查完毕应记录当前基数。若配有泄漏电流检测功能应同时校验电流表，结果应符合设备技术文件之要求	
电缆金属屏蔽层电阻和导体电阻比	1）要判断屏蔽层是否出现腐蚀时。2）新做终端或接头后	1）要求在同等测量条件下，屏蔽层电阻和导体电阻比不应有明显变化。通常，比值增大，可能是屏蔽层出现腐蚀；比值减少，可能是附件中的导体连接点的电阻增大。2）导体的直流电阻值不得大于附录 B 中数值	诊断性试验
电缆振荡波局放检油	需要时	利用振荡波局部放电检测技术对电缆进行检测，结果应无异常	
电缆及附件内的电缆油取样试验	需要时	取样及试验方法按 GB/T 7252，参量及要求如下：1）击穿电压：≥45kV。2）介质损耗因数：在油温 $100℃±1℃$ 和场强 1MV/m 的测试条件下，新油不大于 0.005；运行中的油不大于 0.01。3）油中溶解气体分析：各气体含量满足下列注意值要求（μL/L），可燃气体总量<1500；H_2<500；C_2H_2 痕量；CO<100；CO_2<1000；CH_4<200；C_2H_4<200；C_2H_6<200	仅适用于充油电缆，诊断性试验

附录B（规范性附录） 常见电缆直流电阻

常见电缆直流电阻见表B.1。

表 B.1 **常 见 电 缆 直 流 电 阻**

电缆截面（mm²）	20℃时的直流电阻最大值（Ω/km）	
	铝	铜
50	0.641	0.387
70	0.443	0.268
95	0.320	0.193
120	0.253	0.153
150	0.206	0.124
185	0.164	0.0991
240	0.125	0.0751
300	0.100	0.0601
400	0.0778	0.0470
500	0.0605	0.0366
630	0.0469	0.0283
800	0.0367	0.0221
1000	0.0291	0.0176
1200	0.0247	0.0151
1600	0.0186	0.0113
2500	0.0127	0.0073